한라산 이야기

한라산 이야기

글·사진 강정효

눈빛

강정효

20년 가까이 기자생활을 한 언론인, 14회의 사진개인전을 개최한 사진가, 매킨리 원정등반과 더불어 제주적십자산악안전대 대원, 제주도산악연맹 이사로 활동했던 산악인이다. 이후 농림부의 제주도 농촌지역 돌담 문화자원의 활용을 위한 농촌 경관보전 직불제도 도입 방안에 관한 연구(2007-2008), 제주도 신당의 전수조사(2008-2009), 국토지리정보원의 제주의 섬 전수조사(2010), 유네스코 세계지질공원 지질관광 도입 방안(2013-2014) 등의 프로젝트에 참여하며 제주의 가치를 찾는 작업을 계속해 오고 있다. 저서로 『제주는 지금』(1991), 『섬땅의 연가』(1996), 『화산섬 돌 이야기』(2000), 『한라산』(2003), 『제주 거욱대』(2008), 『대지예술 제주』(2011), 『바람이 쌓은 제주 돌담』(2015), 『할로영산 부름웃도』(2015) 등과 공저로 『한라산 등반개발사』(2006), 『일본군 진지동굴 사진집』(2006), 『정상의 사나이 고상돈』(2008), 『뼈와 굿』(2008), 『제주의 돌담』(2009), 『제주세계자연유산의 가치를 빛낸 선각자들』(2009), 『4·3으로 떠난 땅 4·3으로 되밟다』(2013) 등이, 논문으로 '제주세계자연유산의 생태관광 자원화 방안 연구'가 있다. 현재는 (사)제주민예총 이사장으로 재직하는 한편으로 제주대에서 보도사진 실습과 관광개발에 대해 강의하고 있다.
hallasan1950@naver.com

한라산 이야기

글·사진 강정효

초판 1쇄 발행일 ― 2016년 8월 11일
발행인 ― 이규상
편집인 ― 안미숙
발행처 ― 눈빛출판사
　　　　서울시 마포구 월드컵북로 361 이안상암2단지 506호
　　　　전화 336-2167 팩스 324-8273
등록번호 ― 제1-839호
등록일 ― 1988년 11월 16일
편집 ― 성윤미·이솔·신성진
인쇄 ― 예림인쇄
제책 ― 일진제책

copyright ⓒ 2016 by Kang Jung-Hyo
ISBN 978-89-7409-612-0
값 17,000원

이 책을 펴내며

처음 기자생활을 시작할 때 취재기자로 신문사에 입사했습니다. 그리고는 곧바로 사진기자로 전향(?)했습니다. 그냥 현장이 좋다는 이유 하나 때문이었습니다. 사진은 현장에 나가지 않으면 아무것도 찍을 수 없기 때문입니다. 훗날 기사와 사진을 겸하는 입장으로 바뀌었습니다만.

이후 질리도록 제주도 곳곳 현장을 돌아다녔습니다. 그중 한 곳이 한라산입니다. 기자생활 내내 한라산 담당기자로 활동할 정도였습니다. 취재활동뿐만 아니라 산악회, 산악안전대 구조대원, 제주도산악연맹의 홍보이사로 활동하며 한라산의 오름과 계곡 등 구석구석을 누비고 다녔습니다. 그 과정에 제주산악회의 매킨리 등반대원으로 참여하기도 했습니다.

한라산을 다니면서 아쉬웠던 부분은 등산객 중 수많은 분들이 한라산에 대해서는 모르고 그저 등산의 대상으로만 한라산을 찾는다는 것이었습니다. 해서 이들에게 한라산의 가치를 제대로 알려야겠다는 생각에 지난 2003년 한라산 안내 책자를 펴내기도 했습니다. 이후 한라산 등반개발사, 고상돈 평전 제작에도 관여했습니다.

나아가 일간지와 주간지, 산악 잡지, 심지어는 지역의 종교신문까지 한라산과 관련한 연재물을 게재하기도 했습니다. 여기에 실린 상당수의 글은 이들 원고를 바탕으로 편집된 것입니다. 2012-2013년 지역신문발전기금 지원사업으로 제민일보에 실린 글과 그 외 몇 꼭지를 이 책을 위해 보완, 추가했습니다. 그러다 보니 현시점과는 다소 상황이 다른 부분도 없지 않습니다만, 당시의 느낌과 기록을 살린다는 측면에서 그대로 옮겼습니다. 이러한 점을 감안해 읽어 주시기

바랍니다. 물론 꼭 필요한 부분은 후기로 덧붙였습니다.

아는 만큼 본다는 말이 있습니다. 한라산의 가치를 제대로 알아야 소중함, 나아가 보호해야 할 이유가 분명해지겠죠. 한라산의 옛 이야기를 하다 보니 선인들의 산행에 대해 많이 소개하게 됩니다. 대상으로서의 등산(登山)이 아닌 합일(合一)이라는 의미에서 '입산(入山)'이라 칭하는 그들의 자연사랑을 보여주고 싶었습니다.

다음에 혹 한라산에서 만날 수 있다면 그 가치와 소중함에 대해 함께 이야기 나누는 자리가 됐으면 하는 바람입니다. 더불어 한라산을 많이 사랑해 주실 것을 부탁드립니다.

2016년 여름
한라산 기슭 이소재(離騷齋)에서
강정효

차례

1.

2.

3.

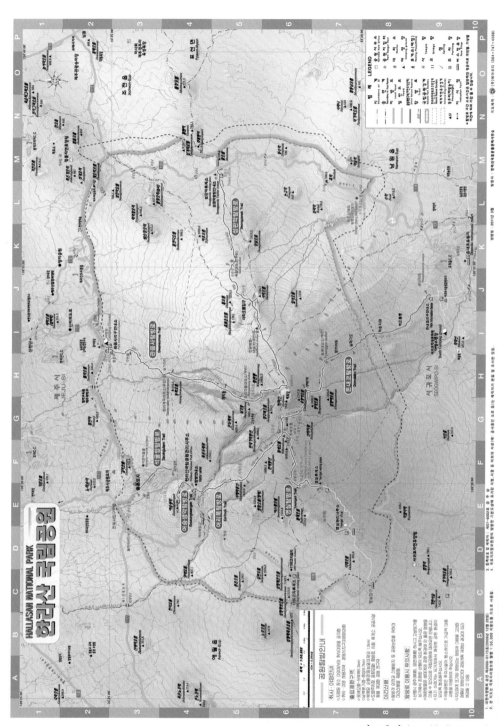

지도 출전: http://hallasan.go.kr

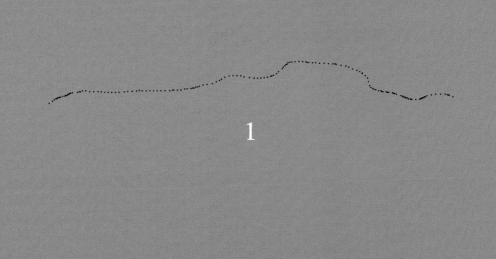

1

바다에서 바라본 한라산.

한라산 이름의 유래

제주 사람들에게 제주의 상징물에 대해 묻는다면 첫 번째로 무엇을 꼽을까. 지난 2005년 제주도의 한 신문사에서 제주도의 이미지로 생각나는 상징물을 조사한 결과 한라산이 33.5퍼센트로 가장 높게 나왔다. 이어서 감귤(29.2%), 청정지역(12%), 휴양관광지(8.9%), 삼다도(7.9%) 등의 순이었다.

예나 지금이나 제주 사람들에게 있어서 한라산은 어머니의 산으로 자리한다. 한라산이 곧 제주도요, 제주도가 한라산이라고 표현하며 굳이 한라산과 제주도를 구분하려고 하지 않는다. 나고 자란 곳이요, 훗날 죽어서 돌아갈 영원한 안식처인 것이다.

육지부에서는 고향을 떠나 타향살이하는 많은 사람들이 어릴 적 그렇게도 크게 보이던 마을의 뒷산이 나중에 보니 높게 보이지 않음에 놀란다고 한다. 하지만 제주에서는 다르다. 어릴 적 보던 한라산도 높지만 먼 훗날 찾은 고향에서 다시 보는 한라산도 역시 높다고 여긴다. 제주 사람들만이 느낄 수 있는 부분이다.

한라산이란 이름에서 한라(漢拏)는 운한(雲漢) 즉 은하수를 능히 끌어당길 만큼 높기(雲漢可拏引也) 때문에 불리게 됐다고 전해진다. 『신증동국여지승람』 제주도 산천조에 나오는 말이다. 그렇다면 한라산이라는 이름은 언제부터 불리게 됐을까.

탐라는 중국 문헌으로 서진의 학자 진수(233-297)가 편찬한 『삼국지 위서 동이전』 주호에 대한 기록에서부터 비롯된다. 우리나라의 기록으로는 『삼국사기』에 476년 탐라국이 백제에 토산물을 바쳤다는 내용이 있다.

하지만 위의 기록에서 섬이라는 사실 외에 제주의 산에 대한 언급은 없다. 제주의 산에 대한 이야기는 고려 때의 화산 활동에 대한 것으로부터 시작된다. 즉 『고려사절요』에 목종 5년(1002) 5월에 "탐라산이 네 곳에 구멍이 열리어 붉은색 물이 솟아 나오기를 5일 동안 하다가 그쳤는데 그 물이 모두 와석으로 되었다(耽 羅山開四孔 赤水湧出 五日而止 其水皆成瓦石)"는 내용이다.

여기에서 탐라산(耽羅山)이라는 표현이 산 이름 자체를 말하는 것인지, 아니 면 탐라의 산을 의미하는지는 의견이 분분하다. 어쨌거나 당시 기록에 한라산이 라는 명칭은 없다. 유의해야 할 점은 『고려사절요』가 만들어진 1452년(문종 2년) 당시에 한라산이라는 지명은 쓰이고 있었으나 1002년의 화산 폭발을 이야기할 때 한라산이라는 명칭을 쓰지는 않았다는 것이다. 『고려사』의 1198년과 1253년 의 기록에서도 국가의 제사와 관련, 국내의 모든 명산대천 및 탐라의 모든 신이

고려시대 사찰인 서천암 인 근에서 출토된 미륵상.

한라산이라는 명칭은 산방굴사를 창건한 혜일 스님의 시에서 최초로 등장한다. 사진은 애월읍 광령리 서천암지에 세워진 혜일 스님의 시비.

라 하여 명산을 이야기하면서도 한라산이라는 표현은 없다. 한라산신이 아닌 탐라의 신으로 표기되고 있다.

시대순으로 볼 때 한라산이라는 명칭이 처음 나오는 것은 고려 충렬왕 무렵 제주에 머물며 여러 편의 시를 남겨 시승(詩僧)으로 불리는 혜일 스님의 시다. 혜일 스님은 산방굴사를 창건한 고승으로 전해지고 있는데 그가 수도생활을 했던 조공천(朝貢川) 상류, 즉 광령계곡에 위치한 서천암(逝川庵)을 노래한 시에서다. 여기에 "한라의 높이는 몇 길이던가(漢拏高幾仞) 정상의 웅덩이는 신비로운 못(絕頂潴神淵)"이라는 문장에서 한라산이라는 표현이 나오고 있다. 한라산이 높다는 것과 정상에 못이 있다는 사실을 표현했다는 것은 그 당시 직접 백록담에 올랐거나 아니면 이미 백록담에 올랐던 누군가에게 전해 들어 그 형태를 알고 있었음을 보여준다.

서천암은 애월읍 광령리 사라마을 위쪽 계곡 옆에 있던 사찰로 지금은 혜일 스님의 시비가 세워져 있다. 서천암지에서는 12세기에서 17세기까지의 유물인 청자국화문흑백상감편, 분청사지백상감편 등의 도자기편과 도질토기편, 그리

제주 사람들에게 제주의 상징물로 첫손에 꼽히는 한라산이 맑은 하늘 아래 웅혼하면서도 자애로운 자태를 드러내고 있다.

고 당초문암기와편 등의 유물이 발굴됐다. 사찰문화연구원의 전통사찰총서 21편 『제주의 사찰과 불교문화(2006)』에서는 혜일 스님의 제주에서의 활동 시기를 고려 충렬왕 무렵인 1275년에서 1308년 사이로 추정하고 있다. 이것이 사실이면 한라산이라는 명칭은 늦어도 12세기 이전에 쓰였음을 알 수 있다.

이어 고려 말인 1374년의 탐라에서 목호의 난이 일어나자 이를 토벌하러 내려온 최영 장군이 군사들을 한라산 밑에 주둔하게 했다는 내용이 『고려사』에 기록되어 있다. 또한 『고려사』에는 지·지리에 "진산(鎭山) 한라는 현 남쪽에 있다"라는 표현도 있다. 고려 말에는 이미 한라산이라는 이름이 널리 쓰이고 있었다는 얘기다.

한편 탐라의 시작을 알리는 삼성신화가 소개된 『영주지』에도 한라산이라는 명칭이 보인다. 사냥을 하며 생활하던 고·양·부 삼을라가 하루는 한라산에 올라 멀리 바라보니 자줏빛 목함이 동해쪽에서 떠올랐다는 내용으로, 벽랑국의 세 공주를 만나는 과정을 표현한 대목이다. 『영주지』는 제주도 역사자료로는 가장 오래된 것으로 알려져 있으나 그 저자나 저작연대는 확실하지 않다. 다만 1416년 정이오가 지은 『성주 고씨전』과 1450년 고득종이 지은 『서세문』 등과 연관지어 고려 말 또는 조선 초기라 여기고 있다. 눈여겨볼 대목은 삼성신화의 내용을 고기(古記) 즉 옛 기록에서 발췌했다는 것인데, 그것이 무엇인지 알 수가 없어 아쉽다.

이상의 기록은 탐라국의 개국을 다룬 『영주지』에서부터 고려시대까지의 역사적 기록들이다. 하지만 그 내용이 글로 남겨진 시기는 한참 훗날이다. 『영주지』의 경우 고려 말 조선 초에 펴낸 것으로 추정되고, 『고려사』는 1451년에, 『고려사절요』는 1452년에 펴냈다. 혜일 스님의 시는 1530년 간행된 『신증동국여지승람』에 실려 있다.

이와는 달리 기록으로 남겨진 시기를 기준으로 보면 가장 앞서 '한라산'이라는 지명을 쓰고 있는 작품은 권근(權近, 1352-1409)의 시라 할 수 있다. 『태조실록』에 나오는데 태조 6년(1397) 3월 신유(辛酉)조에 '탐라'라는 시제의 어제시(御製詩), 즉 왕의 명에 의해 지은 시에 "푸르고 푸른 한 점의 한라산은(蒼蒼一點漢羅山) 멀리 큰 파도 넓고 아득한 사이에 있네(遠在洪濤浩渺間)"라는 표현에서 한라산이라는 명칭이 나온다. 직접 제주를 다녀가지는 않았지만 탐라를 노래하며 먼저 한라산이라는 표현을 하는 것을 보면 이 무렵에는 탐라의 상징으로 한라산이라는 명칭이 보편화됐음을 의미한다.

'한라산'이라는 이름은 앞에서도 소개했지만 은하수를 끌어당길 수 있다는 의미의 한자어이다. 하지만 일부에서는 잘못된 해석이라 반박한다. 즉 원래는 '하늘산'이라 불렸는데, 한자로 표기되는 과정에서 한라산으로 변했다는 것이다. 대표적 견해로는 1930년 조선불교중앙교무원에서 펴낸 『불교』 제68호부터 제77호까지 실린 백환(白桓) 양씨(陽氏)의 「한라산 순례기」에 나온다. 여기서 필자는 한라산은 우리 고어(古語)로 '한울산'에서 비롯된 것으로 '한울올음'인데 후대에 한자가 도입되며 바뀌었다고 말한다. 이어 시인 이은상도 1937년 간행된 『탐라기행 한라산』에서 하늘산에서 비롯됐다고 주장하고 있다. 이은상 역시 한라라는 이름은 한자 이후에 그 한자를 설명한 것에 불과하다는 입장이다.

종합하면 한라산이라는 이름은 예전에는 '하늘산'이라 불리다가 고려 말 한자로 표기되는 과정에서 '한라산'으로 바뀌어 부르게 됐다는 말이다. 하늘산과 한라산. 둘 다 높은 산이라는 공통점은 있지만 하늘산이라 할 때는 선택받은, 또는 신앙의 대상이 되는 거룩함의 의미까지 담고 있다는 차이가 있다. 자부심을 가질 만하다는 얘기다.

한라산신제 변천사

1601년 10월 20일(음력 9월 25일) 새벽 4시, 한라산 백록담 남동쪽 아래 바위틈에 장막을 쳤던 한 무리의 일행이 백록담 정상으로 발길을 재촉했다. 이들의 목적지는 백록담 북쪽 모퉁이에 위치한 제단, 과거 기우제를 지내던 곳이다. 단은 바위 사이에 널따랗게 자연적인 제단이 형성돼 있다. 해가 뜰 무렵 제주판관, 대정현감, 정의현감, 제주훈도 등이 집사로 나서 제사를 봉행했다.

이날의 제사 주체는 임금을 대신한 어사 김상헌이다. 이보다 앞서 조선의 선조 임금은 "한라산은 해외의 명산인데 사전에 실려 있지 않아 평상시에 제사를 지내지 않았다. 마침 어사가 내려가니 따로 향축을 보내 제를 올리는데, 제문은 지제교가 지어 바쳐라"라고 명령한 상태다.

이날의 제문은 지제교 이수록이 지었다. 주요 내용은 당시의 제주 상황을 반영한 것으로, 못된 무리들이 반역을 꾀했으나 음모가 일찍 드러나서 평안을 되찾았는데, 이는 신령이 도움으로 이에 제사를 올린다는 것이다. 소덕유와 길운절이 제주도로 들어와 역적 모의를 하다가 탄로나 서울로 압송돼 처형된 사건을 이르는 말이다.

전날 김상헌은 제주목 남문을 출발, 병문천과 한천을 지나 서쪽으로 나아간 후 무수천 지경에서 남쪽으로 방향을 틀어 존자암으로 향한다. 존자암에 도착했을 때 금방이라도 비가 내릴 듯 흐려지자 일행들이 차라리 존자암 뒤에 제단을 만들어 제사를 봉행하는 게 어떠냐고 제안하지만, 이를 거절하고 정상으로 올랐다. 김상헌이 지은 『남사록』에 전하는 이야기이다.

이로부터 78년이 흐른 1680년 4월 18일(음력 3월 20일) 새벽 3시, 역시 한 무리

한라산에 깃든 한라산신에 대한 숭배의 역사는 탐라국시대까지 거슬러 올라간다. 한라산신제는 이후 고려와 조선시대를 거치며 무속신앙, 유교, 불교, 마을제 등 다양한 형태로 변화하면서도 오늘날까지 이어지며 그 가치를 인정받고 있다.

가 한라산 백록담의 북쪽에 위치한 제단에서 한라산신제를 올린다. 이번에도 판관과 정의와 대정현감, 목사군관, 교수, 제주목 문관 등이 제관으로 나서고 제사의 주체는 숙종 임금을 대신한 어사 이증이다.

이증은 제주목의 전임목사와 정의현감의 비행을 조사하기 위해 제주안핵겸순무어사의 자격으로 제주를 찾았다. 이와 별도로 비변사에서는 이증에게 13조에 이르는 임무를 주었는데, 그중 일곱 번째가 한라산신제를 지내라는 것이었다. 그리고 그 의식에 대한 것은 예조에서 마련하라고 지침을 내렸다.

이증은 당초 음력 3월 6일에 한라산신제를 봉행하려고 일정을 잡았었다. 하지만 한라산에 계속 눈과 비가 내리는 등 기상상황이 좋지 않아 10일, 18일로 연기하다 19일에야 겨우 출발할 수 있었다. 앞서의 김상헌과는 달리 이증 일행은 백록담 분화구 안에 장막을 치고 하룻밤을 묵었다. 비록 양력으로 4월이라 하나 백록담의 밤은 쌀쌀하다. 분화구 안에는 얼음이 아직까지 녹지 않고, 동북쪽에는 쌓인 눈은 그대로 있었다. 차가운 바람으로 제대로 잠을 이룰 수가 없을 정도였다. 이증뿐만 아니라 함께 있었던 정의현감 김성구 역시 추위가 심하여 눈을 붙일 수가 없었다고 증언하고 있다.

이날 한라산신제의 제문은 지제교 권흠이 지었는데 "제사 전례를 살펴서 보답하는 일에 어기지 말아야 하나 이제까지 겨를이 없었다"라며 그동안 제대로 제사를 봉행하지 못했음을 사죄하는 내용을 담고 있다. 이날의 일을 이증은 『남사일록』에, 김성구는 『남천록』에 각각 기록하고 있다. 조선시대 백록담에서 한라산신제를 봉행한 기록들이다. 이보다 앞서 1470년 제주목사로 부임한 이약동이 한라산신제의 제단을 백록담에서 산천단으로 옮긴 상태였음에도 백록담에서 산신제를 봉행한 것이다. 이약동 목사가 산신제단을 옮긴 이유는 백록담에서 제사를 봉행할 경우 얼어 죽는 사람들이 많이 나오기에 취해진 조치였다. 이약동은 수많은 목민관 중 선정을 베푼 대표적인 관리로 한라산신제의 제단을 옮기는 과정에는 백성의 고통을 헤아리는 목민관의 고뇌가 담겨 있다.

한라산신제의 시초는 탐라국시대로 거슬러 올라간다. 광양당과 관련된 설화가 그것이다. "한라호국신(漢拏護國神)을 모시는 사당이다. 고려 때 송나라 사람 호종단(胡宗旦)이 제주에 와 지기(地氣)를 누른 다음 해로로 돌아가는데 한라산신의 동생이 죽어서 매로 변해 돛대머리에 날아올랐다. 잠시 후 북풍이 크게 불어서 배를 쳐부수니 호종단이 비양도 바위 사이에서 죽었다. 조정에서 그 신령스러움을 포상해 식읍(食邑)을 주고 광양왕(廣壤王)으로 봉하여 해마다 향과 폐백을 내려 제사하도록 했다"고 한다. 제사 비용으로 일정액의 곡식이 책정됨과 더불어 작호가 수여되고 향과 축문을 내려 국가 제사를 거행했다는 얘기다.

백록담 북쪽의 옛 제단으로 추정되는 곳.

한라산신단기적비.

　역사 기록으로는 고려 신종 즉위년(1197)에 국내의 명산대천 및 탐라의 모든
신들에게 호가 내려지고, 고종 40년(1253)에는 국내 명산과 탐라의 신에게 제민
(濟民)이라는 호가 추가로 더해진다. 고려 때는 지역주민이 섬기던 산천과 성황
신 가운데 일부가 국가 사전(祀典)에 올려져 작호가 주어진 다음 일정액의 곡식
이 제사 비용으로 책정되고 매해 봄과 가을에 국가 제사가 거행되는데 한라산신
제도 그중 하나라는 얘기다.

　앞서 소개한 백록담에서의 산신제는 유교식으로 진행됐지만 광양당 설화를
기준으로 할 때 이전의 한라산신제는 무속의 의례를 따른 것으로 보인다. 이형
상의 기록에 의하면 광양당은 매년 봄과 가을에 술과 음식을 갖추어 제사를 지
내는 등 당시로서는 제주에서 가장 큰 신당이었다. 하지만 제주 삼읍에 널려 있
는 모든 신당이 그러하듯 광양당도 이형상에 의해 철저하게 파괴된다.

　광양당 파괴와는 달리 이형상은 한라산이 사전(祀典), 즉 명산대천의 제사를 관장하는 소사(小祀)에서 누락된 것을 문제점으로 지적하고 있다. "한라산과 대해(大海)는 유명하여 중국에서도 일컬어지고 있는 상황으로 명산대천의 예에 따라 향축을 내리고 제사를 지내는 것이 마땅할 것"이라 건의하고 있는 것이다. 한라산신제의 필요성은 인정하지만 유교식이어야 한다는 얘기다. 그리고는 이형상의 건의에 따라 1703년 조정에서 논의를 거치게 되는데, 숙종은 치악산과 계룡산 등의 예에 준하여 매년 2월과 7월에 한라산신제를 지내도록 허락했다.

이후 한동안 관료들에 의해 유교식으로 한라산신제가 봉행됐음을 추정해 볼 수 있다. 하지만 제주의 백성들은 그들 스스로의 방식으로 한라산신을 섬겨 왔다. 한참 뒤인 1937년 제주를 찾은 이은상의 기록에 의하면 산천단 소림당이라는 건물에 대해 나온다. '제주 한라산신 제단법당(濟州 漢拏山神 祭壇法堂)'이라는 간판이 붙어 있고 그 건물 안에는 치성광여래와 독수선정나반존자의 위패를 모시고 있었던 것이다. 이를 두고 이은상은 전통신앙과 불교가 섞인 형태라고 해석한다.

해방 이후에는 산천단 마을 주민들에 의해 연초에 마을제 형태로 한라산신제가 열려 왔다. 이어 2009년부터는 제주시 아라동과 한라산신제봉행위원회 주최로 산천단 제단에서 한라산신제가 열린다. 2011년 5월에는 '한라산신제단'이라는 이름으로 제주도기념물 제66호로 지정돼 그 가치를 인정받고 있다.

한라산신은 이 땅을 파괴하려는 이들을 철저하게 응징하며 이 땅을 지키려 했던 수호신으로서 탐라국 시대부터 백성들에게 숭배의 대상이었다. 요즘 제주에서 벌어지는 자연파괴의 현장을 보면서 하루빨리 한라산신이 강림하시어 그 전능한 힘을 보여주시길 기대해 본다.

조선시대의 산악 가이드들

한라산에는 현재 다섯 개의 등산 코스가 있다. 어리목과 영실, 돈내코, 관음사, 성판악 탐방로가 그것이다. 그리고 각 등산로마다 수많은 표지판과 함께 탐방로가 잘 정비돼 있어 일부러 등산로를 이탈하지 않는 한 길을 잃을 우려는 없다. 그렇다면 등반로가 제대로 정비되지 않았던 과거에는 어떻게 산을 올랐을까. 조선시대 한라산 산행을 안내했던 가이드들의 이야기다.

기록으로 전하는 한라산 최초의 산행기는 1578년 임제의 『남명소승』이다. 이 책은 이후 한라산을 오르는 수많은 사람들이 산행에 앞서 반드시 읽어야 하는 지침서가 되었다. 그만큼 큰 영향을 끼친 책이다. 『남명소승』에 의하면 임제는 제주에 머무는 동안 줄곧 한라산에 오르기를 희망했다. 하지만 겨울철에 내려온 관계로 눈 때문에 오르지 못하다가 2월 들어 어느 정도 눈이 녹자 마침내 산행에 나선다. 산속에 살면서 사냥이나 약초를 캐는 것을 업으로 삼고 사는 사람을 이르는 산척(山尺)이 눈이 얼마쯤 녹아 사람과 말이 다닐 수 있을 것이라는 말에 따라서 임제 일행은 그의 안내를 받으며 산행에 나선다. 그러나 그 산척이 영실 기슭에서 나무를 찍어 돌아올 길을 표시했다는 것으로 보아 그도 지리를 잘 아는 사람은 아니었던 것 같다.

그들은 마침내 존자암(尊者庵)에 이르렀다. 존자암은 『고려대장경』 법주기에서 "발타라 존자가 탐몰라로 가서 불법을 전파했다"라는 기록에 의거, 한국불교 최초의 사찰이라 주장하는 곳이다. 홍유손의 「존자암개구유인문(尊者庵改構侑因文)」에 의하면 탐라의 고양부 3성이 나올 때 창건됐다고 전해지는 곳이다. 『탐라지』에서는 처음에 영실에 위치했다가 현재 복원된 불래오름으로 옮겨졌다

1993-1994년 실시한 발굴조사를 바탕으로 2002년 11월 복원된 존자암.

는 얘기까지 나온다.

어쨌거나 임제 일행은 존자암에서 기상악화 등으로 5일간 머문다. 첫날은 영실 일대를 구경했는데 큰 도끼로 나무를 치고 얼음을 깨며 길을 터서 전진했다. 하지만 그 다음 날부터는 구름이 잔뜩 끼고 폭우까지 이어지는 바람에 구름을 없애 달라는 〈발운가(撥雲歌)〉까지 지어 신에게 기원을 드리기도 했다. 눈길을 끄는 대목은 당시 대정현감이 먹을 것과 두 종류의 감귤을 존자암으로 보내 왔고, 백록담을 오른 후 하산길에 하루 묵었던 두타사에 정의현감이 술 두 병을 보내 왔다고 한다. 과거 급제자에 대한 예우인지, 아니면 절제사의 아들이라 잘 보이기 위해 그랬는지 각자 상상할 일이다.

그리고는 존자암에서 백록담으로 향하는데, 이들을 안내하며 노인성과 백록 전설 등 한라산과 관련된 수많은 이야기를 전해 준 이가 청순 스님이다. 백록담에서 청순 스님은 "한두 번이 아니라 해마다 여기에 오른다"라고 한 말로 미루어 수차례 산행에 나섰음을 알 수 있다.

1601년 9월 24일과 25일 1박 2일 일정으로 한라산에 올라 백록담에서 산제를 지냈던 김상헌도 존자암에서 휴식을 취했다는 기록이 나온다. 즉 24일 새벽에 남문을 출발한 김상헌 일행은 존자암에서 차를 마시며 휴식을 취했다는 것이다. 이때 서울에서 죄를 짓고 귀양을 온 승려 몇 사람이 백록담까지 동행하는데, 이전의 사람들은 여러 날 존자암에 묵으면서 날씨가 개이기를 기다렸다가 백록담에 올랐다고 말하는 것으로 보아 한라산 산행에 나서는 이들이 존자암을 종종 이용했음을 알 수 있다. 요즘의 개념으로 보면 베이스캠프 또는 전진 캠프의 역할을 했던 것이다.

1609년 한라산을 올랐던 제주판관 김치의 경우를 보자. 하인과 마부 등을 대동하고 나섰는데, 존자암에서부터는 수정 스님이 이들의 길안내를 맡는다. 그리고는 영실 골짜기 안의 옛 존자암 자리를 거쳐 수행동 석굴, 칠성대 등을 거쳐 백록담으로 향했다. 수정 스님은 흰 사슴 전설을 비롯한 한라산에 대한 이야기를 들려주는 등 사실상의 길안내와 해설, 즉 가이드 역할을 했다.

1679년 어사 자격으로 온 이증은 조정의 명을 받은 공식행사인 산제를 지내기 위해 한라산에 오르는데, 제주판관과 정의현감, 대정현감, 교수, 찰망, 전적 등 수많은 수행원을 대동했다. 새벽에 남문을 출발해 존자암에서 점심식사를 한 후 칠성대, 좌선암 등을 거쳐 백록담 분화구 안에서 1박을 한다. 당시 수행하던 사

영실 세 갈래 폭포 앞 예전 수행 장소에 세워진 비석.

영실의 세 갈래 폭포.

람들이 날이 이미 늦었으니 존자암에서 쉬면서 절 뒤쪽에 제단을 꾸며 제를 올리는 게 어떻겠냐고 제안했지만 무시하고 강행한 것이다.

다음 날 새벽 제사를 지낸 후 하산할 때는 영실 오백장군과 세 갈래 폭포를 둘러본 후 다시 존자암에서 아침식사를 하는 등 한라산 산행에 있어서 존자암은 반드시 거쳐야 하는 코스였다. 영실의 세 갈래 폭포는 지금도 비가 내리는 날이나 겨울철 눈이 녹을 무렵에는 세 줄기의 폭포를 형성하는데 이때 처음 기록에 등장한다. 등산로에서 볼 때는 두 갈래만 보이기 때문에 '영실쌍폭'이라 부르기도 한다.

1702년 한라산에 오른 이형상 목사의 기록에 의하면 존자암은 이미 헐려 스님은 없고 무너진 온돌 몇 칸만 남았다고 전한다. 한라산에서 길안내와 한라산 이야기를 들려주는 등 해설사의 역할을 하던 존자암 스님들이 사라진 것이다. 이형상 목사의 산행에 안내을 맡았던 이는 늙은 아전으로, 안남 즉 베트남까지 표류했던 내용을 담고 있는 『과해일기』를 휴대하고 주변 나라들에 대해 설명을 하고 있다. 주변 나라와 지명이 등장하는데, 글쎄 한라산에서 중국의 여러 지방과 오키나와, 베트남까지 보일런지는 상상에 맡긴다. 참고로 필자의 경우 시력이 나빠서인지는 모르지만 추자도 너머 전라도 섬까지는 본 적이 있지만 중국이나 오키나와, 베트남을 본 적은 없다.

1841년 한라산에 오른 이원조 목사는 "등산은 도를 배우는 것과도 같다"고 할 정도로 한라산 등산에 대해 상당한 의미를 부여하고 있다. 일행은 하인 몇 사람과 기병, 제주의 유생 등이 함께했는데, 말과 가마를 번갈아 타고 가면서 백록담에 올랐다. 위험한 구간에서는 잠시 내려 걷기도 했겠지만. 백록담에서 뽑혀 나갔다는 산방산 전설이나 영실과 관련된 이야기를 익히 들었다는 것으로 보아 사전에 한라산에 대해 공부를 하고 산행에 나섰음을 알 수 있다.

이원조 일행은 북쪽 코스를 이용해 한라산에 오르고 하산할 때는 영실 코스를 이용한다. 그 이전의 경우 거의 대부분이 영실 코스를 이용해 등산과 하산을 했던 것과 비교되는 대목이다. 어쩌면 존자암이 없어진 후 달라진 등산문화인지도 모를 일이다. 영실로 내려오는 도중 대정현의 아전이 목사 일행을 영접하려고 산에서 대기하고 있었는데, 그 복장에 유의할 필요가 있다. 당시의 등산복을 유추할 수 있는데 짐승가죽 복장에 털벙거지를 쓰고 사냥개를 대동했다는 것이다. 7월임에도 가죽옷과 모자를 쓰고 사냥개까지 데리고갔다는 것은 1900년대 초반 사진에 등장하는 사냥꾼과 목자(테우리)의 모습과 흡사하다.

비슷한 복장에 대한 언급은 1901년 한라산을 찾은 독일인 겐테 박사의 글에서도 볼 수 있다. 영실의 동굴에서 본 나무꾼들에 대한 묘사인데, 거친 가죽옷, 목화솜을 넣은 바지, 털가죽 모자, 귀덮개 등이 그것이다.

1937년 7월, 한라산에 올랐던 이은상의 글에서는 화전민의 복장에 대해 설명하고 있는데 짐승 가죽옷을 입고 모자를 만들어 쓴다고 했다. 몽골의 풍습과 다를 바 없어 구경거리가 되고 있다는 부연설명과 더불어. 당시 이은상은 시로미 열매를 따던 화전민 소녀를 만나 그의 안내에 따라 산을 내려왔다.

조선시대 선비들이 한라산에 오른 기록들을 보면 산행에 앞서 철저하게 한라산에 대해 공부했음을 알 수 있다. 기본적으로는 『남명소승』을 시작으로 『읍지』 『지지』, 『남사록』, 『충암기』, 『표해록』 등등 이전의 기록들을 철저하게 살핀 후 산행에 나섰다는 얘기다. 아는 만큼 본다고 했다.

이방인이 본 한라산

과거 외국인이 본 한라산은 어땠을까. 전설 등을 토대로 할 때 한라산을 처음 찾은 이는 서복 일행이라 할 수 있다. 중국 천하를 통일한 진시황이 동남동녀 5백 쌍과 함께 서복을 보냈다는 곳이 영주산, 곧 한라산으로 전해지기 때문이다.
이후 몽골의 탐라 지배 시기에 많은 몽골 사람들이 이곳을 다녀간 것으로 추정할 수 있으나 이들이 남긴 탐라에 대한 기록은 아직껏 알려진 게 없어 이들이 한라산을 어떻게 보았는지는 확인할 길이 없다. 조선시대 이 땅을 밟은 중국이나 일본, 유구의 수많은 표류객들도 마찬가지다.

제주를 본격적으로 서양으로 알린 이는 네덜란드인 헨드릭 하멜이다. 동인도 회사의 선박에서 포수로 일했던 하멜은 1653년 8월 16일 스페르베르 호를 타고 나가사키로 가던 중 일행 36명과 함께 제주도에 표착한다. 그리고 13년 동안 조선에 억류되었다가 동료 7명과 함께 탈출, 1668년 『하멜 표류기』로 알려진 기행문을 남겼다. 한라산과 관련하여 "나무들이 우거져 있는 높은 산이 하나 있고, 나머지 산들은 민둥산이 대부분"이라 표현하고 있다. 울창한 한라산과 나무가 없는 오름을 말하는 것이다.

이로부터 140여 년이 지난 후 프랑스인 장 프랑수아 라페루즈(Jean-François de Lapérouse, 1741-1788)가 제주의 남쪽 해안을 따라 동해로 올라가면서 해안을 측량하고 지도를 그려 제주를 기록으로 남긴다. 1797년 출간된 『라페루즈 항해기 (*Atlas du Voyage de Lapérouse*)』이다.

라페루즈 일행은 1787년 5월 제주도 남단을 5일간 지나면서 육안으로 본 제주의 농경지와 오름, 한라산, 그리고 주거지들을 세밀하게 관찰하고 묘사하고 있

곱고 아름다운 단풍으로 물들어 가는 한라산. 2012년 10월 영실.

다. "이토록 아름다운 섬은 찾기 힘들 것이다. 약 7-8킬로미터쯤 떨어져서 보면 약 2천 미터의 봉우리가 섬 한가운데에 솟아 있는데, 그곳이 섬의 저수지인 것 같다. 대지는 완만하게 바다까지 이어져 내려오고 있고 그곳에는 집들이 계단식 으로 늘어서 있다."

19세기 제주도에 대한 기록으로는 프랑스 외교관으로 1888년 9월 제주를 찾 은 샤이에 롱이 쓴 『코리아 혹은 조선』이라는 책이 있는데 '한양에서 켈파에르 트 섬, 즉 제주도까지'라는 장을 통해 소개하고 있다. 당시 샤이에 롱 일행에 대 해 제주목사가 신성한 한라산에는 접근하지 말라고 강조했다는 내용이 나오는 데, 당시 제주 사람들이 한라산을 어떻게 여겼는지 가늠해 볼 수 있다.

제주 한라산에 최초로 오른 서양인으로는 독일의 지리학자 지그프리드 겐테 (Siegfroied Genthe, 1870-1904)가 있다. 이재수의 난이라 불리는 신축년 항쟁이 끝난 직후인 1901년 한라산에 올라 산의 높이가 1,950미터임을 처음으로 밝혀내 기도 했던 겐테는 한라산 등반기를 쾰른 신문에 '지그프리드 겐테 박사의 한국 여행기'라는 이름으로 연재하기도 했다.

신축년 항쟁 직후라 서양인에 대한 반감이 심한 상황임을 고려, 소개장과 여행 도중 신분보장을 위한 통행증까지 소지하고 제주를 찾았지만 당시 이재호 제주목사는 한라산 등반에 대해 호의적이지 않았다. 이유는 한라산을 신성시하는 제주 사람들의 믿음을 거스르지 않겠다는 것인데, "한라산을 오르게 되면 반드시 그 대가를 치르게 될 것"이라는 경고에서 잘 나타난다. 이어 "범접할 수 없는 고고함과 안정을 누군가가 깨뜨리는 날이면 산신령이 악천후와 흉작, 역병 등으로 반드시 이 섬을 응징할 것이며, 그렇게 되면 주민들이 와서 산신령을 괴롭히는 이방인에 대하여 항의할 것"이라고 부연설명을 하고 있다.

그럼에도 불구하고 겐테가 계속 한라산에 오르겠다고 고집하자 목사는 무장한 강화도 수비병으로 호위케 하는 한편 주민들에게 외국인의 상륙 소식을 알려 불필요한 마찰을 피하도록 조치를 취했다.

2012년 10월 12일 한국의 세계유산을 전 세계에 홍보하기 위해 해외문화홍보원이 초청한 외국인 기자들이 제주의 세계자연유산을 취재하고 기념촬영을 하고 있다.

마침내 백록담에 올라 1,950미터임을 확인한 순간 겐테는 "이렇게 높은 산이 바다 한가운데 솟아 있는 모습을 상상해 보라. 그런 해양기상대 위에 서면 이해할 수 없을 정도로 전망이 탁 트이는데, 그 정도를 스스로에게도 설명하기 어렵다"라며 감회해 한다. 그리고는 백인으로서는 처음 한라산에 올랐다는 자랑과 함께 "무한한 공간 한가운데 거대하게 우뚝 솟아 있는 높은 산 위에 있으면 마치 왕이라도 된 것 같은 느낌이 든다"라거나 "한라산 정상으로부터 펼쳐지는 굉장한 그림을 뿌리치고 내려오기가 쉽지 않았다"라고 술회하고 있다.

일제강점기에는 수많은 사람들이 한라산에 올라 기록을 남겼다. 대표적인 사람이 1911년의 슈우게츠(大野秋月)로 『탐라지』 사본을 입수한 후 제주에서 1년 반 동안 머물며 현지조사를 거쳐 『남선보굴 제주도(南鮮寶窟 濟州島)』라는 소책자로 정리했다. 슈우게츠는 이 책에서 한라산에 대해 자세하게 묘사하고 있는데, 소개에 앞서 이러한 경승지가 세상에 알려지지 않음은 경승지를 위해서는 다행한 일로, 세상 사람들에게 알려짐으로써 천혜의 자연경관이 파괴될 것을 우려하고 있다. 그럼에도 불구하고 이를 알리는 것은 고의로 경승을 해치는 것이 아니라면 신선도 그 뜻을 용서해 줄 것이라는 믿음이라 밝히고 있다.

한라산 등반을 통해 인생이 뒤바뀐 경우도 있다. 일본의 대표적인 문화인류학자인 이즈미 세이치(泉靖一)다. 그는 경성제국대학 재학 당시인 1936년 1월 한라산을 등반하는데, 그의 등반대는 동계 한라산 초등정이라는 영광과 함께 한라산 최초의 조난 기록을 남긴다. 눈보라 속에 대원 중 마에카와 도시하루(前川智春)가 실종된 것이다. 이때 대원들은 한라산 일대를 수색했으나 찾지 못하고 그 해 5월 한라산의 눈이 녹은 후 산장과 불과 150미터 떨어진 숲속에서 시신으로 발견됐다.

당시 제주의 이름난 무속인이 예언한 5월에 시신이 발견되자 이즈미는 충격에 휩싸인다. 제주도에서 한 무속인으로부터 받은 문화적 충격은 전공을 당초의 일문학에서 문화인류학으로 바꾸는 계기가 되었고, 이후 제주도를 본격적으로 조사해 『제주도』(1966)라는 책을 펴내기도 했다.

최근에 제주도와 한라산을 애정 어린 눈으로 바라보며 서양에 소개하는 사람으로는 2008년 노벨문학상 수상자인 르 클레지오를 들 수 있다. 명예제주도민이

서양인 최초로 백록담에 오른 겐테 박사는 마치 왕이 된 것 같다며 감격하기도 했다.

기도 한 르 클레지오는 제주에서 직접 취재한 제주 4·3의 아픔과 제주 해녀, 돌하르방 등을 소재로 한 기행문을 유럽 최대 잡지인 『지오(GEO)』의 창간 30주년 기념 특별호에 기고하기도 했다.

 "새가 날다가 아름다운 곳을 찾았을 때 매일 오고 싶어 하는 마음으로 제주를 찾는다"는 르 클레지오. 겨울 한라산의 숲속을 걷다가 본 작은 아기 노루를 통해 제주만의 아름다움과 희망을 봤다는 그는 섬을 떠나려는 이 땅의 젊은이들에게 당부한다. "섬에 산다는 것이 쉬운 일만은 아니지만 어려움을 극복하고 제주를 책임질 수 있기를 바란다"라고. 마치 성산일출봉에 첫 해가 떴을 때와 같이 젊은이들로 인해 제주가 바뀔 것이라며.

설문대할망

설문대할망은 세명뒤할망, 쒜멩듸할망, 설명대할망, 설명두할망, 선문대할망 등의 이름으로도 전해진다. 그리고 그 내용은 모두들 알다시피 이렇다. 옛날 설문대할망이라는 거대한 여신이 살고 있었다. 이 할망은 힘이 얼마나 셌는지 삽으로 흙을 일곱 번 파서 던지니 한라산이 만들어졌다고 한다. 제주도 곳곳에 산재한 오름들도 설문대할망이 치마에 흙을 담아 옮기는 과정에서 치마의 찢어진 틈으로 떨어진 흙덩어리가 만들어낸 것이라고 전해진다.

지금도 제주도 곳곳에는 설문대할망과 관련된 지명들이 많이 전해지는데, 예를 들면 성산일출봉에 있는 등경돌(燈擎石)이 그것이다. 일출봉 정상으로 오르는 계단 옆에 우뚝 솟은 바윗돌이 있다. 이는 설문대할망이 바느질할 때 접싯불을 켰던 곳이라고 한다. 불을 켰던 곳이기 때문에 등경돌이라 불리게 됐다는 것이다. 설문대할망은 처음에 다리를 만들다가 제주 사람들이 약속을 지킬 수 없게 된 것을 알고는 작업을 멈추었다. 지금도 남아 있는 당시의 흔적이 조천읍 조천리와 신촌리 사이의 바다로 향한 바위들이라고 전해진다.

제주 사람들이 그려낸 설문대할망의 최후 또한 매우 신비롭다. 아이러니하게도 설문대할망은 자신이 만들어낸 한라산으로 영원히 돌아간 것이다. 하루는 설문대할망이 제주도의 물의 깊이를 재보려고 제주시 앞바다의 용두암 근처에 있는 용연에 들어섰는데, 물이 무릎까지밖에 차지 않았다. 더 깊은 곳을 찾아다니다 마침내 한라산 중턱의 물장올에 들어갔다가 너무 깊어 그만 빠져 죽는다. 그래서 지금도 제주 사람들은 물장올을 가리켜 '창 터진 물'이라 하여 바닥 끝이 없다고 믿는다.

여기서 지역마다 특정 지형과 관련한 이야기가 약간씩 더해지는 양상을 보인다. 예를 들면, 소섬과 다랑쉬오름, 범섬, 산방산, 굿상망오름, 조천 바닷가의 엉장매코지, 곽지리의 솥덕바위, 홍리물, 관탈섬 등이다.

그 내용을 보면 설문대할망의 키가 얼마나 컸느냐 하면 빨래를 할 때 한 발은 가파도, 다른 한 발은 일출봉에 디디었다 하거나, 솥을 얹었던 바위, 대죽범벅을 먹고 대변을 보았는데 굿상망오름이 되었다, 오줌 줄기 때문에 떨어져 나간 게 소섬이 되었다, 흙이 너무 많아 주먹으로 봉우리를 친 곳이 다랑쉬오름, 빨랫방망이로 삼 한 쪽을 때리니 굴러가 산방산이 되었다, 할머니가 쓰던 감투가 오라동 한천변의 바위다, 일출봉의 등경돌은 길쌈을 할 때 솔불을 켰던 등잔이라는 이야기 등등이다.

그렇다면 설문대할망 이야기는 언제부터 전해졌을까. 기록상으로는 한양으로 과거시험을 보러 가다가 풍랑을 만나 표류하게 된 애월 출신 장한철이 처음이다. 장한철은 1771년 1월 5일자 기록에서 배가 풍랑을 만나 표류하면서 제주도 근처를 지나는 상황을 설명하고 있다. 멀리 한라산이 보이자 모두들 울면서 한라산을 향해 기도하는데, 그 대상으로 '백록선자(白鹿仙子)'와 '선마선파(詵麻仙

범섬의 해식동굴. 설문대할망의 발가락에 의해 생겨난 것으로 전해진다.

영실의 오백장군.

婆)'를 찾았다는 것이다. 이와 관련하여 장한철은 탐라에서 전하는 이야기를 소개하고 있는데, 선옹(仙翁)이 흰 사슴을 타고 한라산 위에서 노닐었다는 내용과 아득한 옛날 선마고(詵麻姑)가 걸어서 서해를 건너와서 한라산에서 노닐었다는 전설이다.

이어 1841년 이원조 목사의 『탐라지초본』에는 사만두고(沙曼頭姑), 1932년 김두봉은 신녀(神女)의 이름으로 설만두할망이라 표기한 후 한자로는 사마고파(沙麻姑婆), 해방 직후 담수계 편의 『증보 탐라지』에서는 설만두고(雪曼頭姑) 등의 이름으로 등장한다. 설문대할망 이야기는 이밖에 1937년 제주도를 조사한 이즈미 세이치의 『제주도』에도 등장한다. 구전으로 전하던 이야기가 문자로 기록되며 그 이름이 달라진 것이다. 요즘 관광지 이정표를 보면 중국어 표기를 많이 볼 수 있는데, 우리 본래의 이름이 어떻게 달라지는가를 볼 수 있다.

한자어 표기를 볼 때 육지부 곳곳에 전하는 마고할미 전설을 생각하며 붙여진 표기라 여겨진다. 여기서 마고(麻姑)라는 이름이 아닌 선마고(詵麻姑)라 표기한 이유에 대해 생각해 볼 필요가 있다. 이에 대해 전경수 교수는 선마(詵麻)가 기

설문대할망이 빠져 죽었다는 물장올.

본이라 전제한 후, 선마고(詵麻姑)에서 선(詵)과 마고(麻姑)를 분리하여 마고할미 계열 전설로 풀어 보려는 시도에 대해서는 좀더 생각해 볼 여지가 있다고 지적한다. 다른 마고할미 계열 전설들과의 총체적인 비교분석이 필요하다는 것이다. 최근 학자들 사이에서 설문대할망은 마고도, 선마선파도 아닌 제주의 설문대할망으로 인식해야 한다는 주장과 맥을 같이한다.

한라산의 거대한 할망과 관련된 전설로 영실의 오백장군 이야기가 있다. 예전에 한라산에 한 어머니가 오백 명이나 되는 자식을 거느리고 살고 있었다. 식구는 많은데다 흉년이 들어 끼니를 이어 가기가 힘이 들자 아들들에게 양식을 구해 오라 시키고는 자식들이 돌아오면 먹일 죽을 끓이기 시작했다. 그리고는 죽이 솥에 눌러 붙지 않도록 저어 주다가 그만 솥에 빠져 죽고 말았다.

그런 줄도 모르고 오백 형제들은 돌아와 죽을 맛있게 먹었다. 마지막으로 막내동생이 죽을 뜨는데 사람 뼈다귀가 발견되자 어머니가 빠져 죽은 것임을 알고 어머니의 고기를 먹은 형들과 같이 있을 수 없다가 차귀도로 달려가 울다가 바위가 됐다. 뒤늦게 이 사실을 안 나머지 형제들도 울다가 굳어져 바위가 되니 영

제주돌문화공원에서 열린 설문대할망제.

실의 오백장군이 그것이라는 것이다.

하지만 여러 학자들은 설문대할망과 오백장군 전설은 처음에는 별개였던 것으로 해석한다. 설문대할망과 같은 거구가 솥에 빠져 죽었다는 것보다는 창 터진 물에 빠져 죽었다는 게 더 걸맞다는 것이다. 1964년 펴낸 『제주도지』에서 임동권 교수의 글이나 현용준 교수가 1976년 펴낸 『제주도 전설』에 나타나듯 두 이야기가 별개로 전해지는 것 또한 오백장군의 어머니와 설문대할망은 다르다는 얘기다. 그런데 자식을 오백 명이나 둘 정도의 어머니라면, 설문대할망 정도는 돼야 하지 않느냐는 측면에서 후대에 결합된 것으로 추정하고 있는 것이다.

이 오백장군 전설과 설문대할망을 결부시키려는 경향은 최근 들어 부쩍 늘어났는데 필자가 판단하기로는 제주돌문화공원의 조성과 무관하지 않다. 돌문화공원의 각종 자료들을 보면 김영돈 교수의 1993년 펴낸 『제주민의 삶과 문화』의 글을 인용, 설문대할망 전설과 오백장군 전설을 동일하게 설명하는 경향이 강하다. 물론 이전의 기록으로 시인 고은이 1976년 펴낸 『제주도, 그 전체상의 발견』이라는 수필집에서 설문대할망을 소개하며 오백장군의 어머니라 명시한 경우도 없지는 않다.

전설은 지역에 따라, 그리고 구술자에 따라 약간의 가감이 있게 마련이다. 설문대할망 전설 또한 예외가 아니다. 한라산을 만들었다는 이야기나 『표해록』에서 장한철이 기도의 대상으로 삼은 사실을 볼 때 처음에는 신(神)으로 숭배되다가 나중에 결혼 이야기, 오백 아들 이야기, 심지어는 옥황상제의 딸로 하늘과 땅을 나누어 이 세상을 만들었다는 죄명으로 귀양을 왔다는 얘기로까지 확장된 것으로 풀이된다.

설문대할망이 옥황상제의 딸이라는 얘기는 인터넷에서는 많이 유포돼 있지만 과거의 기록에서 그 사례를 찾기는 쉽지 않다. 주로 2000년 이후의 일이라 여겨지는데, 장영주의 동화집이나 김문의 장편소설 등 작가의 창작물에 설화가 섞이며 설화보다 창작물의 내용이 더 부각된 것은 아닐까 추측해 볼 따름이다. 차제에 관광객을 대상으로 관광해설사들이 어느 선까지 이야기를 들려주어야 할까에 대한 고민이 필요하다. 아무리 구술자에 의해 변형이 있을 수 있는 것이 전설이라지만, 보편적인 관광객들이 문학기행을 온 사람은 아니잖은가.

조선시대, 한라산 등산의 이유

최근 가는 곳마다 걷기여행 열풍이다. 정부와 지방자치단체, 심지어 마을단위에서까지 각종 트레일 개발에 열을 올리고 있다. 이러한 트레일이 성공하려면 탐방객의 심리를 알 필요가 있다. 이와 관련 2010년 제주관광공사에서 올레길 관광객을 대상으로 조사한 결과를 음미해 볼 필요가 있다.

올레길 걷기가 주는 가장 중요한 매력이 무엇이냐는 물음에 제주의 아름다운 경관 감상을 선택한 응답이 32.0퍼센트로 가장 많았고, 이어 사색과 정신적 안정 16.5퍼센트, 건강관리 13.7퍼센트, 걷기운동이라는 취미생활 12.8퍼센트, 새로운 여행 경험의 기회 11.1퍼센트, 지역의 특색 있는 문화역사 학습효과 8.9퍼센트 등의 순으로 답했다는 것이다. 이는 예전의 관람형 여행에서 벗어나 도보여행을 함으로써 제주도의 숨은 비경에 대한 새로운 탐방에 더욱 관심을 갖고 있음을 보여준다.

과거의 걷기는 순례길에 나선 구도자이거나, 사색이 주요 관심사였다. 통일신라의 최치원이 신라 승려들의 당나라와 천축으로의 구법 행각 열기와 관련 "무릇 길이란 멀다고 해서 사람이 못 가는 법이 없고, 사람에게는 이국(異國)이란 따로 없다. 그렇기 때문에 동쪽나라(신라) 사람들은 승려이건 유자(儒者)이건 간에 반드시 서쪽으로 대양을 건너서 몇 겹의 통역을 거쳐 말을 통하면서 공부하러 간다"고 말한 것이 대표적인 예이다.

사색을 강조는 경우는 스티븐슨의 말에 잘 나타난다. "진정한 걷기 애호가는 구경거리를 찾아서 여행하는 것이 아니라 즐거운 기분을 찾아서 여행한다"고 전제한 후 "도보로 산책하는 맛을 제대로 즐기려면 혼자여야 한다. 단체로 또는

연간 1백만 명이 오른다는 요즘의 한라산. 이들은 무슨 이유로 한라산에 오를까. 또 예전 선비들은 한라산 관련 책자들을 두루 살펴본 후 올랐는데, 요즘 등산객들은 한라산에 대해 얼마나 알고 있을까.

둘이서 하는 것은 이름뿐인 산책이 되고, 오히려 피크닉에 속하는 것"이라고 경계한다. 다산 정약용도 "걷는 것은 청복(淸福), 즉 맑은 즐거움이다"이라고 극찬하고 있다.

같은 질문을 한라산 등산객들에게 물어보면 어떤 결론이 나올까 자못 궁금해진다. 한라산의 경우 예전에는 털진달래와 산철쭉 꽃이 피는 봄과 단풍이 물든 가을, 눈 덮인 겨울철이 등반의 성수기였다. 하지만 요즘에는 모두가 알다시피 연중 골고루 많은 사람들이 찾는 관광지로 탈바꿈하면서 연간 1백만 명 이상이 찾는 제주도의 대표 명소다.

과거 조선시대에 한라산을 오른 사람들은 어떤 마음, 어떤 이유에서 올랐을까. 예로부터 삼신산의 하나로 알려진 한라산은 옛 사람들이 무척이나 동경하여 누구나 한 번쯤 오르고 싶은 산이었다. 그리고 많은 이들이 한라산에 올라 기록을 남겼지만, 이들의 공통된 신분은 대부분이 벼슬아치이거나 양반들이었다.

1520년 제주에 유배돼 이곳에서 생을 마감한 김정은 『제주풍토록』에서 한라산의 산세와 남극 노인성에 대해 설명하면서 "애석하도다. 나는 귀양 온 죄인의 몸으로 그럴 처지가 못 된다"며 한라산에 오를 수 없음을 아쉬워했다. 1764년 제주를 찾았던 신광수도 『탐라록』에서 "선산을 지척에 두고도 오히려 오르지 못했으니, 어찌 하물며 방장과 봉래야 허무에 가릴 수밖에"라고 한탄하고 있다. 이와 달리 임관주와 최익현은 유배가 풀리자마자 한라산에 올라 소원을 풀었다.

한라산 등산 기록을 처음으로 남겨 훗날의 방문객들에게 탐방 안내서 역할을 하는 『남명소승』을 남긴 임제의 기록을 보자. 임제는 1577년 28세 때 대과에 급제하였으나 파벌 싸움만 하는 정치에 큰 관심을 두지 않고 전국을 유람하며 세월을 보냈던 학자다. 1577년 11월에 제주에 왔다가 1578년 3월까지 머물며 제주도의 경승을 둘러본 후 한라산에 올랐고, 이를 소개한 책이 『남명소승』이다.

임제의 한라산 산행을 보면 다분히 유람의 대상이라는 느낌이 강하다. 제주에 올 때 과거급제의 상징인 어사화 두 송이, 거문고 한 벌, 보검 한 자루만을 챙겨왔다는 데서 그 각오가 드러난다. 제주도를 순례하면서 길에서 우연히 만난 존자암의 승려 청순에게 한라산에 꼭 가고 싶다는 인사를 건네기도 했다.

나중에 존자암에서 며칠간 산행에 나서지 못함에 따라 날씨가 풀리길 기원하

새해 첫날 백록담에서 일출을 기다리는 등산객들.

눈에 덮인 겨울의 한라산.

는 〈발운가〉를 지었는데 정상에 올라 "가슴속에 막힌 찌꺼기들을 한꺼번에 씻어내게 해주옵소서"라는 표현을 한 것을 보면 그의 등반은 요즘 말하는 사색과 치유의 의미까지도 담고 있음을 알 수 있다. 그 간절함은 "하계의 어리석은 백성이 소원하는 바가 있습니다. 신이시여, 나의 소원 바람 맑고 구름 걷히는 것입니다. 밝은 아침에 밝은 햇빛을 보게 하소서"라는 표현에서도 잘 나타난다.

이에 앞서 아주 특별한 이유로 한라산에 오른 경우도 있다. 세종 때의 역관 윤사웅과 중종 때 제주목사를 지낸 심연원(1491–1558), 『토정비결』로 유명한 이지함(1517–1578) 등으로 남극 노인성을 보기 위해 한라산을 찾은 것이다. 심연원과 이지함은 결국 노인성을 보았지만, 세종의 명을 받고 찾아온 윤사웅은 구름이 때문에 보지 못했다고 한다. 이지함은 세 번이나 제주를 찾았다고 전해진다.

임금의 명으로 한라산을 찾은 이는 윤사웅만 있는 게 아니다. 어사의 자격으로 백록담에서 한라산신제를 올리기 위해 오른 이들로 김상헌과 이증이 있다. 김상헌은 1601년 10월 20일, 이증은 1680년 4월 18일 각각 백록담에서 한라산신제를 봉행했다. 김상헌은 제주에서 소덕유. 길운절의 역모사건이 일어나자 선조의 안무어사 자격으로 제주를 찾아 뒷수습을 한 후에, 이증은 제주목의 전임목사와 정의현감의 비행을 조사하기 위해 제주안핵겸순무어사의 자격으로 제주를 찾아 한라산에 올랐다.

제주목사의 자격으로 한라산에 올랐다가 기록을 남긴 이로는 이형상과 이원조가 있다. 이형상은 『남환박물』에서 산을 오르는 도중에 본 식물들, 예를 들면 영산홍, 동백, 산유자, 이년목, 영릉향, 녹각, 송, 비자, 측백, 황엽, 적률, 가시율, 용목, 저목, 상목, 풍목, 칠목, 후박 등을 열거하여 뛰어난 관찰력을 보여준다. 이형상은 산에 오르기 전 김상헌의 『남사록』을 비롯하여 홍유손의 『소총유고』, 임제의 『남명소승』『지지』 등을 미리 읽고 산행에 나서 그 기록의 옳고 그름을 계속해서 따져 보았다.

이원조는 재임 기간에 우도와 가파도에 사람들을 살게 하여 유인도로 바뀌게 만든 인물이다. 등반에 앞서 "나는 일찍이 등산하는 것이 도를 배우는 것과 같다고 생각해 왔다"고 했을 정도로 한라산 등반에 의미를 부여했다. 기록을 보면 죽성촌(현재의 제주시 오등동)을 새벽에 출발한 이원조 제주목사 일행은 처음에는 말을 타고 가다가 다시 가마로 갈아타고 도중에 가파른 급경사에서는 도보로, 그리고 마지막에는 다시 가마로 올랐다. 산행기에서 "유람관광으로써 백성에게 피해를 입히게 되어 가히 후회스러웠다"라는 소감을 밝히기도 했다.

어쨌거나 한라산 산행 기록을 남긴 조선시대 선비들을 보면 그 준비과정과 관찰력, 표현력에 경의를 표하게 된다. 조릿대의 잎이 마르고 줄기가 부러지는 현상을 차가운 바람 때문이라고 풀이한 이형상이나, 최부의 『표해록』까지 들고 산에 오른 김상헌, 한라산의 산세를 이야기하며 "동은 마(馬), 서는 곡(穀), 남은 불(佛), 북은 인(人)"이라는 표현과 함께 말은 동쪽에서 생산되고, 불당은 남쪽에 모였고, 곡식은 서쪽이 잘되고, 인걸은 북쪽에서 많이 난다고 해석했던 최익현 등이 대표적인 예다.

연간 100만 명 이상이 오른다는 요즘의 한라산. 그 많은 사람들은 무슨 이유로 한라산에 오르는지 궁금하다. 더불어 예전 선비들은 한라산 관련 책자들 두루 살펴본 후 올랐는데, 요즘 등산객들은 한라산에 대해 얼마나 알고 오르는지 모르겠다.

녹담만설

한라산 만설제(滿雪祭)는 1974년부터 열리기 시작했는데, 당초에는 산악인들의 적설기 훈련의 일환으로 산 정상에서 열려고 했으나 일반 등산객들도 참여할 수 있게 하자는 취지로 어승생악을 택하게 되었다.

육지부 산악단체들이 연초에 시산제를 올리듯 조국의 평화통일과 산악인들의 무사 산행을 기원하는 의미를 담고 있다. 제주산악회 주관으로 열리는데 도내 산악인은 물론 육지부에서도 많은 산악인들이 찾아올 정도로 인기를 끈다.

흔히들 한라산에서 만설이라 하면 산악회의 만설제보다는 영주십경의 하나인 '녹담만설(鹿潭晚雪)'을 연상하게 된다. 그런데 만설제의 만설과 녹담만설의 만설은 그 의미가 다르다. 만설제(滿雪祭)에서 만설은 눈이 가득한 모습을 이야기하고 있다면 녹담만설에서의 만설은 늦다는 의미를 담고 있다. 즉 한겨울이 아닌 여름 무렵에 남아 있는 백록담의 눈을 말한다.

녹담만설을 비롯한 '영주십경(瀛洲十景)'은 조선 순조 때 매촌(梅村: 제주시 도련동)에 살았던 매계 이한우(梅溪 李漢雨, 1818–1881) 선생이 자연의 변화 순서에 따라 제주의 경관을 정리한 것이다. 영주십경이란 제주의 다른 이름인 영주, 즉 신선이 사는 물가의 열 가지 아름다움이라 해석된다. 그 순서는 성산출일(城山出日), 사봉낙조(沙峰落照), 영구춘화(瀛邱春花), 정방하폭(正房夏瀑), 귤림추색(橘林秋色), 녹담만설(鹿潭晚雪), 영실기암(靈室奇岩), 산방굴사(山房窟寺), 산포조어(山浦釣魚), 고수목마(古藪牧馬)로 이어진다.

제주의 열 군데 아름다움을 시로 노래한 이는 이한우가 처음은 아니다. 숙종 때인 1694년 목사로 왔던 이익태(1633–1704)는 그의 저서인 『지영록』에서 조천

47

관, 별방소, 성산, 서귀포, 백록담, 영곡, 천지연, 산방, 명월소, 취병담을 '탐라십경(耽羅十景)'으로 꼽고 있다. 특히 이익태 목사는 63세의 나이로 한라산을 두 번이나 올랐던데 그 아름다움에 반해 〈탐라십경도〉라는 이름의 병풍을 만들기도 했다. 화가의 그림 위에 해설을 가미한 형태다. 〈탐라십경도〉는 이형상 목사 당시의 〈탐라순력도〉보다 불과 8년 앞서 그려진 것으로, 둘의 기법과 구도 등 화풍이 비슷하다. 〈탐라순력도〉의 경우 김남길이 그렸다는 기록이 있는데 반해 〈탐라십경도〉는 화가의 이름이 전해지지 않아 아쉬움을 주고 있다.

1702년 제주목사로 왔던 이형상은 『병와문집』에서 한라채운, 화북제경, 김녕촌수, 평대저연, 어등만범, 우도서애, 조천춘랑, 세화상월을 팔경으로 꼽기도 했다. 철종 때 영평리의 소림 오태직은 한라산에서 바라보는 바다(나산관해), 영구의 늦은 봄(영구만춘), 영실의 개인 아침(영실청요), 사봉낙조, 용연야범, 산지포의 배(산포어범), 성산출일, 정방사폭 등을 팔경이라 하여 노래하기도 했다.

1841년 제주목사로 부임해 1843년까지 머물렀던 이원조(1782-1871)는 『탐라록』에서 영구상화, 정방관폭, 굴림상과, 녹담설경, 성산출일, 사봉낙조, 대수목마, 산포조어, 상방굴사, 영실기암을 십경으로 노래했다. 특히 이원조 목사는 영주십경을 노래한 이한우와 비슷한 시기에 부임했음을 감안하면 누가 먼저 영주십경을 노래했는지는 궁금증을 자아내게 만든다. 다만 이원조 목사가 제주를 떠날 때인 1843년에 이한우의 나이가 25세임을 감안한다면 이원조 목사가 먼저 정의내리지 않았을까 여길 따름이다.

영주십경과 관련하여 한학자 오문복 선생은 명칭이나 차례를 바꿔서는 안 된다고 강조한다. 즉 성산출일을 성산일출로 바꾸면 사봉낙조와 대구가 맞지 않아 시의 흥취가 사라진다는 얘기다. 영주십경에 서진노성(西鎭老星)과 용연야범(龍淵夜泛)을 더하여 영주십이경이라 하는 것 또한 옥에 티끌을 붙이는 셈이라 지적하고 있다.

다시 백록담의 여름철 눈을 노래한 녹담만설(鹿潭晚雪)로 돌아가 보자. 이익태 목사는 탐라십경에서 백록담(白鹿潭) 자체를, 이형상 목사는 한라채운(漢拏彩雲)이라 하여 한라산에서의 채운현상 즉 구름 자체에 색이 들어 있는 것이 아니라 태양광의 회절에 의해 매우 선명하게 색이 붙어 보이는 현상을, 이원조 목

한겨울 눈에 덮인 백록담이 장관을 이루고 있다.

사는 녹담설경(鹿潭雪景)이라 하여 백록담의 눈 덮인 모습을, 이한우는 백록담의 여름철 눈을 노래하고 있다는 차이가 있다.

　시의 의미를 무시하고 내용 자체만을 볼 경우 이원조 목사의 '녹담설경'이 제일 먼저 와 닿을 것이다. 여름철에 백록담에 눈이 있다고 한들 얼마나 있겠느냐 하는 의문에 봉착하기 때문이다. 그렇다면 백록담에 눈은 언제까지 남아 있을까? 1601년 백록담에 오른 김상헌은 『남사록』에서 5월에도 쌓인 눈이 아직 있고, 8월에도 갖옷을 덧입는다고 설명하고 있다.

　실제로 김상헌이 백록담을 찾은 9월에 아침 서리가 눈과 같고, 백록담의 물은 얼었다고 소개하고 있다. 그리고는 현지 주민들에게 물어 일찍 추위가 오는 해는 8월에 눈이 내리고, 겨울철이 되면 매일 눈이 오기 때문에 그늘진 골짜기의 가장 깊은 곳은 5월에도 잔설이 남아 있다는 대답을 듣는다. 이어 제주에는 옛부터 얼음을 저장하는 곳이 없기 때문에 관가에서 여름철이 되면 항상 산속에서 가져다 쓴다고 설명까지 덧붙이고 있다.

　이보다 앞서 한라산에 대한 산행 기록을 처음으로 남긴 임제의 『남명소승』에서도 음력 2월인데도 적설이 녹지 않은 곳이 있었는데, 일행이 말을 통해 이 깎아지른 골짜기(영실)는 깊이가 가히 10여 길이나 되니, 천 개 봉우리의 눈들이 바람에 날리어 모두 이곳으로 들어와서 5월에도 녹지 아니한다고 말하고 있다. 여기서 말하는 5월이 음력임을 감안한다면 양력 기준으로는 6-7월까지도 눈이 남아 있다는 얘기다. 이형상도 『남환박물』에서 백록담의 북쪽암벽은 눈이 쌓여서 한여름에도 여태 있다. 관아에서 쓰는 얼음 조각은 산허리로부터 얻는다고 소개하고 있다.

실제 한라산에 자주 오르다 보면 양력 오뉴월에 탐라계곡의 깊은 골짜기에서 쌓여 있는 얼음을 심심찮게 볼 수 있다. 필자의 경우 간혹 4월 말이나 5월초에 기온이 영하로 내려가 얼음이 어는 모습을 본 적이 있다. 심지어는 털진달래가 꽃망울을 터뜨린 상태에서 얼음이 어는 경우까지도 볼 수 있었다.

앞에서 일단 거론했으니 이참에 〈탐라십경도〉에서의 백록담 그림에 대해 소개하고자 한다. 〈탐라십경도〉는 〈제주도도〉 〈영주십경도〉 〈제주십경도〉 등 3종이 전해지는데, 19세기에 새롭게 그린 것으로 추정되는 작품이 일본 고려미술관에 〈영주십경도〉 4폭이, 국립민속박물관에 〈제주도도〉 4폭과 〈제주십경도〉 10폭이 소장돼 있다. 이익태 목사 당시의 〈제주십경도〉를 모사한 것으로 학계에서는 여기고 있다.

그중 백록담 그림은 국립민속박물관에 두 종류가 전해지고 있는데 눈길을 끄는 것은 백록을 탄 신선과 사슴 사냥을 위해 활을 겨눈 사냥꾼이 표현되고 있다

얼어붙은 진달래 봉오리.

〈제주십경도〉 중 백록담 그림(부분). 국립민속박물관 소장.

는 것이다. 사냥꾼이 바위 뒤에 숨어서 사슴을 향해 활을 쏘았는데 홀연 백록을 탄 신선이 나타나 사슴들과 함께 사라졌다는 전설을 실제로 그려냈다. 옥황상제의 엉덩이를 건드려 화가 난 옥황상제가 한라산 꼭대기를 뽑아 던지자 백록담과 산방산이 생겨났다는 얘기와도 일맥상통한다. 그림에 대한 설명으로 백록과 백발의 노인에 대한 이야기를 소개하고 있는데 못의 이름이 '백록담'으로 불리게 된 연유를 설명하고 있다.

백록담 그림을 보면 가운데 연못을 그리고 주위의 바위들에 대한 이름을 붙여 있는데 북쪽에 구봉암(九峰岩), 한라산 후면주봉(後面主峰), 동북쪽에 황사암(黃砂岩), 서쪽에 두 개의 입석(立石)이 표시돼 있다. 다른 지도에서 간혹 보이는 혈망봉이 표기되지 않은 것이 특징이다.

녹담만설을 이야기하다가 옆길로 새 버렸다. 어쨌거나 여름철 구석진 골짜기에 남아 있는 눈보다는 한겨울 온통 하얀 눈이 덮인 백록담이 장관이라는 생각이 든다. 눈이 내린 겨울에 백록담에 한번 오를 것을 권한다.

한라산또와 브름웃도

제주의 신구간(新舊間)은 신들의 인사이동이 있는 기간으로, 대한 후 5일에서부터 입춘 전 3일까지로 양력 기준으로는 1월 24일부터 2월 1일까지다. 신임 신(神)과 임기를 마친 신들이 모두 하늘나라로 올라가 인수인계를 하다 보니 지상에서는 업무의 공백이 생기는 시기라 할 수 있다. 혹 집을 고치거나 이사를 하려 해도 신들의 눈치가 보여, 동티가 날까봐 미루다가 신들이 없는 틈에 해버리는 것이다. 그만큼 신들을 의식하여 살고 있다는 얘기다.

2008년과 2009년, 제주특별자치도의 용역으로 제주전통문화연구소가 진행한 제주도 신당 전수조사에 조사팀장으로 참여해 프로젝트를 진행한 적이 있었다. 당시 조사에 의하면 도내에는 392개소의 신당이 현존하는 것으로 확인됐다. 현재 신당으로서의 기능이 살아 있는 즉 단골들이 찾는 신당과 그 기능은 사라졌지만 그 형태가 온전히 남아 있는 신당을 합한 숫자다. 조사보고서 발간 이후에 추가로 확인된 곳도 몇 군데 더 있으니 400개소 가량 있는 것으로 보면 된다.

그중에서 한라산신을 모신 신당이 95개소로, 전체 392개소의 25퍼센트에 해당한다. 마을의 본향당에 모신 신들의 성격을 보면 산신, 농경신, 해신, 산육신, 치병신 등으로 나눠 볼 수 있는데, 산신 계열이 농경신에 이어 두 번째로 많은 숫자다. 특히 중산간 마을에 밀집돼 있다.

산신 계열이라 하면 한라산에서 태어난 신들을 모신 신당을 말하는데, 구좌읍 세화리 본향당의 당신(堂神)인 '천자또'는 '하로영산 백록담에서 부모 없이 저절로' 솟아났다고 하고, 서귀포시 호근동의 본향당신 '애비국하로산또'는 '하로영산에서 을축년 3월 열사흘 날 자시에 솟아났다'는 식이다.

도내에 한라산신을 모신 신당은 95개로 전체 392개의 25퍼센트에 해당한다. 사진은 와산 엄낭굴철산이도산신당.

백록담에서 부모 없이 저절로 솟아난 '천자또'는 일곱 살 때부터 『천자문』을 시작으로 『소학』 『대학』 『중용』 등의 학문을 익혔다. 열다섯 살에 어엿한 선비로 자랐는데 문장이 뛰어나 옥황상제의 일을 보좌했다. 훗날 옥황상제의 명을 받아 세화리의 '손드랑마루'라는 곳에서 당신으로 좌정하게 되면서 마을 주민들의 출생, 사망, 생업 등 생활 전반을 관장한다.

서귀포 지역에서 전해지는 산신의 계보를 보자. 한라영주산 서쪽 어깨에서 아홉 형제가 태어나는데, 차례로 올레무루하로산(성산읍 수산), 제석천왕하로산(애월읍 수산), 삼신백관또하로산(하례), 요드레 산신백관또하로산(호근), 중문이백관하로산(중문), 색달리 당동산 백관또하로산(색달), 열리백관또하로산(예래), 고나무상테자하로산(감산), 제석천왕하로산(일과) 등으로 불리고 있다.

이처럼 많은 수의 신당이 그 뿌리를 한라산에 두고 있다는 것은 한라산이 그만큼 신성하다고 여겼기 때문이다. 굿을 할 때 본풀이를 보면 그냥 한라산이 아닌 '하로영산, 할로영산'이라 하여, 신령한 산임을 분명히 하고 있는 것도 이에 대한 방증이다.

성읍민속마을에서 열린 제주큰굿 재연행사 때 가장 인기를 끌었던 산신놀이 모습.

　산신에 대한 호칭으로는 '한라산또, ㅂ름웃도, 산신백관, 산신또, 하로백관, 하로영산백관또' 등으로 불리고 있다. '한라산또'란 한라산에 신을 지칭하는 또가 덧붙여져 한라산신을, 'ㅂ름웃도'는 바람 위의 신, 바람 위에 좌정한 신이라는 의미이다. 이들 신의 기능으로는 사냥신, 목축신, 풍수신, 풍신 등의 역할을 담당하게 된다.

　사냥신이기에 한라산신을 모신 본향당에서는 당굿의 막판에 산신놀이를 통해 신들을 즐겁게 만든다. 대표적인 곳이 동회천 본향당인 새미하로산당이다. 산신놀이의 주요 내용을 보면 잠에서 깨어난 두 포수가 산신제를 마치고 사냥을 나가는 장면에서부터 미리 준비한 닭(노루나 꿩을 의미)을 사냥한다. 이어 서로 자기가 잡은 것이라 다투다가 수심방이 중재자로 끼어들어 고기를 나눌 것을 제안한다. 고기를 나누는 분육 행위에 이어 더운 피는 산신에게 올리고, 나머지 고기는 단골들에게 인정을 받으며 나누어 준다. 액을 막아 주는 의식으로, 예전 한라산을 무대로 수렵생활을 했던 산신들을 재현한 놀이굿이다. 성읍민속마을에서 제주큰굿 재현 행사를 할 때 단골과 관광객들에게 가장 인기를 끌었던 것은 산신놀이를 비롯해 영감놀이, 전상놀이, 세경놀이 등 놀이굿이었다.

제주도의 많은 신화를 보면 한라산에서 태어난 신들이 처음에는 사냥으로 먹고살다가 외부에서 들어온 여신을 만나 농경을 하게 되는 정착과정을 그리고 있다. 탐라국의 개국을 알리는 삼성신화의 경우도 이와 다르지 않다. 삼성혈에서 태어난 삼을라가 벽랑국에서 온 세 공주와 만나 결혼하는 과정에서 세 공주와 함께 도입된 것이 망아지와 송아지, 오곡의 씨앗이었다. 비로소 수렵생활에서 농경사회로 바뀌게 됨을 보여주고 있는 것이다

제주 무속의 뿌리라는 송당본향당의 본풀이도 다르지 않다. 알손당 고부니모를에서 솟아난 소로소천국은 처음에는 한라산을 떠돌며 사냥으로 살아가던 산신이었다. 이후 서울 남산 송악산에서 태어난 금백주를 만나 결혼을 하면서 비로소 마을을 이루고, 농사를 짓기 시작한다. 하지만 배고픔에 밭을 갈던 소를 잡아먹고는 부인과 다툼 끝에 이혼, 원래의 고향인 고부니모를로 돌아가 첩을 얻어 수렵생활을 하며 살아간다는 내용이다. 한마디로 소천국이 쫓겨난 것으로, 농경문화가 기존의 수렵문화를 대체하는 과정을 보여주고 있다. 여기에는 제주

오름 정상의 신성한 바위가 굴러 내려와 좌정했다고 전해지는 와산리 불굿당.

여성의 강인한 생활력도 반영된다.

제주 여성의 강인함은 서귀동본향당의 본풀이에서도 잘 나타난다. 한라산의 산신인 브름웃도가 여행을 다니다가 아리따운 처녀를 보고 장가를 드는데, 결혼하고 보니 자기가 봤던 천하미색 작은딸이 아닌 큰딸 고산국을 아내로 맞이하게 된 것이다. 이에 처제와 눈이 맞아 함께 제주도로 도망치는데 뒤늦게 이를 안 고산국이 축지법을 써서 쫓아온다. 이에 동생이 안개를 피워 숨어 버리자, 고산국은 일문관의 도움을 받아 닭의 형상을 만들어 홰를 치니 새벽이 밝아 오며 안개가 걷힌다. 한라산 일대에서 한바탕 싸움을 한 후 마침내는 얼굴은 못생겼지만 똑똑하고 무예에 능한 고산국이 이긴다. 이때 고산국은 처음 생각 같아서는 동생을 단칼에 죽이고 싶었지만 막상 얼굴을 보니 그러지 못하고 어머니의 성을 따서 지산국으로 개명하라고 명한다. 그리고는 고산국 본인은 서홍마을을 차지한 후 지산국에게는 동홍마을을, 브름웃도에게는 서귀마을을 각각 차지하라고 명한다. 서홍과 동홍마을 사이에는 혼인은 물론 우마의 출입이나 목재 반출마저도 금하라는 명령과 함께. 더 자세한 내용을 알고 싶다면 현용준 교수와 진성기 관장, 문무병 박사 등의 책을 권한다.

제주도 당본풀이를 비롯한 신화를 보면 엄청난 스토리텔링 소재를 담고 있다. 심지어는 혼돈으로 시작되는, 처음 세상이 열리던 당시의 상황을 담은 천지개벽 신화까지도 간직한 곳이 제주도이다. 굿을 할 때 초감제에 나오는 천지왕본풀이가 그것이다. 제주도가 비록 면적은 작은 섬이지만 제주 사람들의 꿈과 상상력은 무척이나 장대하고 풍부하다. 그럼에도 불구하고 아직껏 제주 신화를 확장시키는 방안을 세우지 못하고 있다. 1만 8천 신들의 좌정처라 하면서도 이를 확장시키는 노력이 부족한 것이다.

설날이 지나면 마을마다 본향당에서 신과세제라는 당굿을 한다. 신들에게 과세, 즉 세배를 올리는 의식이다. 그리고 음력 2월이 되면 바다의 신인 영등할망을 모시는 영등굿을 한다. 신구간부터 대략 두 달 가량 신들과 관련된 제의 의식이 치러지는 것이다. 전통문화를 계승 발전시키는 작업, 나아가 관광자원화에 대한 방안 마련이 필요하다.

한라산의 얼음창고, 빙고

여름의 얼음이라 하면 모두들 경주에 있는 석빙고를 연상할 것이다. 하지만 기록에 의하면 제주에도 얼음창고가 있었다. 1653년 제주목사 이원진이 엮은 『탐라지』에 소개되고 있다. 제주목의 창고를 소개하는 항목에 보면 "빙고(氷庫), 한라산 바위굴(巖窟) 안에 있다. 물이 얼어서 된 얼음이 한여름에도 녹지 않아 부수어 가져와서 나누어 사용한다. 따로 창고에 보관하지 않는다"라는 구절이다. 얼음창고가 있었다는 말이다.

하지만 반대의 주장들도 제기된다. 별도의 저장시설이 없었다는 얘기다. 먼저 1601년 길운절·소적유의 난을 수습하는 과정에서 안무어사로 제주에 내려와 백록담에 올랐던 김상헌의 기록이다. 『남사록』에 보면 "이 섬은 남해 중에서 가장 따뜻한 곳인데 내가 9월에 올라와 보니 산 아래는 모두 초가을 풍경인데 산 위는 아침 서리가 눈 같고 정상의 못물은 처음으로 얼었다. 이상하여 지방 사람들에게 물으니 일찍 추위가 오는 해는 8월에 눈이 내리고, 겨울철이 되면 매일 눈이 오기 때문에 그늘진 골짜기의 가장 깊은 곳은 5월에도 잔설이 남아 있습니다. 또한 제주에는 옛부터 얼음을 저장하는 곳이 없기 때문에 관가에서 여름철이 되면 항상 산속에서 가져다 쓴다고 한다"라고 말하고 있다.

1628년 제주로 유배돼 8년간 머물렀던 이건도 『규창유고』의 '제주풍토기'에서 "한라산의 가장 높은 봉우리는 여름철의 가장 높은 삼복 기간에도 빙설(氷雪)이 있음으로 매년 여름철에는 민정(民丁)을 징발해 매일 차례로 한라산 최고봉에 올라가 얼음을 취해 하루 한 짐씩 지고 와 관가에 제공하여 계속 쓰게 한다. 얼음을 취하려 산에 올라가는 자는 여름철에 비록 가죽옷 두 겹을 껴입더라도 그

5월까지도 남아 있는 탐라계곡의 얼음.

추위를 견딜 수 없다고 하니, 산이 높디 높고 신령함을 상상할 수 있을 것이다"
라고 말하고 있다. 얼음창고가 아닌 백록담의 얼음을 이용했다는 말이다.

1702년 4월 15일 산행에 나섰던 이형상 목사도 『남환박물』에서 백록담의 풍
경을 소개하며 "암벽 북쪽은 눈이 쌓여서 한여름에도 여태 있다. 관아에서 쓰는
얼음 조각은 산허리로부터 얻는다"라고 소개하고 있다. 한라산의 정상이 아닌
산허리에서 얻는다는 부분이 이건의 기록과 다른 내용이다.

기록을 종합하면 이원진 목사만이 빙고, 즉 얼음창고의 존재를 명시하고 있을
뿐 나머지의 기록은 산허리나 또는 그늘진 골짜기, 그리고 백록담 등지에서 얼
음을 얻었다고 밝히고 있다. 1841년 제주목사로 부임해 2년간 재임했던 이원조
목사의 『탐라지초본』에서도 빙고에 대한 언급이 전혀 없다. 따라서 누구의 기록
을 신뢰하느냐에 따라 빙고의 존재 여부가 달라진다는 얘기다.

그렇다면 한라산에 얼음은 언제까지 남아 있을까? 먼저 한라산을 처음으로
소개한 임제의 『남명소승』을 보자. 1578년 2월 15일 기록에 보면 "적설이 녹지

구린굴 천정 함몰 부분과
그 아래 쌓여 있는 얼음.

않은 곳이 있었는데, 모두 말하기를 이는 깊고 험한 계곡이며 깊이가 가히 10여 길이나 되고, 천봉(千峰)의 눈이 바람에 날리어 모두 이곳에 들어오는 까닭에 5월에도 아직 다 녹지 아니한다고 하였다.”

앞서 소개한 김상헌의 기록에서도 그늘진 골짜기의 가장 깊은 곳은 5월에도 잔설이 남아 있다고 분명히 밝히고 있다. 음력 5월이면 양력으로는 한여름에 해당하는 시기다. 결국 여름철 얼음을 캐간 것은 사실인 모양이다.

1609년 제주판관으로 부임했던 김치의 기록에서도 3월에 한라산에 올랐는데, “겹겹 산봉우리들과 절벽 골짜기들에는 얼음과 눈이 여태 쌓여 있었으므로, 비록 두터운 가죽옷을 입었다 해도 차가운 기운이 몸속까지 에이어 들어왔다”라고 적고 있다.

1680년 어사로 파견돼 한라산신제를 지내기 위해 백록담에 올랐던 이증도 『남사일록』 3월 19일자 기록에서 “늦봄도 저물어 산 아래는 복숭아, 살구꽃이 모두 떨어지고 진달래 또한 시들었을 텐데, 한라산 철쭉은 아직도 꽃봉오리를 터뜨릴 생각을 않고 있다. 해질 무렵에 간신히 정상 밑에 도착하여 백록담에 장막을 쳤는데 굳은 얼음이 아직도 녹지 않았다. 사방이 병풍처럼 둘러 있는데 동북쪽에는 쌓인 눈이 아직도 남아 나뭇가지가 드러나지 않았다”라고 적고 있다.

이밖에 1702년 4월 15일 산행에 나섰던 이형상 목사는 일행의 말을 인용해 “한라산에는 한겨울에 눈이 깊이 쌓이면 백 길이나 된다”고 소개하고 있다. 이와 관련 산이 높아서 눈이 많은 것이 아니라 바람에 휘말려 모든 봉우리의 눈이 계곡에 모여져 백 길 가까이 된다고 부연설명까지 덧붙이고 있다.

하나같이 초여름까지는 얼음이 존재한다는 얘기다. 실제로 5월, 늦을 경우 6월에 탐라계곡의 깊은 골짜기 구석에서 심심치 않게 얼음을 볼 수 있다. 특히 탐라계곡이나 병문천 상류의 경우 골짜기가 깊어 얼음이 늦게까지도 녹지 않고 남아 있다. 문제는 얼음을 캐서 하산하다 보면 꽤나 많은 시간이 소요될 터인데 그 사이에 어떻게 녹지 않게 가져올 수 있었을까 하는 의문이다.

이제 반대의 가정, 즉 이원진 목사가 얘기한 빙고에 대해 살펴보자. 물이 얼어서 된 얼음이 한여름에도 녹지 않는 한라산의 바위굴(巖窟)에 대해서. 암굴이라 할 때 암(巖)은 바위 또는 낭떠러지를 의미하는데 보통의 경우 바위로 뒤덮인 굴

수면이 얼어붙은 백록담.

을 의미한다고 여겨 볼 수 있다.

한라산에 위치한 굴로는 윗상궤와 탑궤, 등터진궤, 영실궤, 수행굴, 용진굴, 평궤, 평굴, 구린굴 등이 있다. 그중 윗상궤는 장구목에, 탑궤는 선작지왓에, 등터진궤와 평궤는 돈내코 코스에, 영실궤와 수행굴은 영실 코스에 위치한 동굴들이다.

제주목 관아에서 얼음을 가져다 썼다면 제주시와 가까운 거리에 있었다고 추정해 볼 수 있는데 백록담의 북쪽에 위치한 굴로는 용진굴, 평굴, 구린굴 등이 있는데 용진굴의 경우 흙으로 만들어진 굴이다. 암굴이 아니라는 애기다.

남는 것은 평굴과 구린굴이 있는데 평굴은 관음사 등산로를 따라 1킬로미터가량 올라가 오른쪽의 계곡 너머에 위치하고 있다. 주굴의 길이가 238미터인 평굴은 평지 숲속에 위치하고 있어 겨울철 얼음을 운반, 저장하기가 쉽지 않다.

반면 구린굴은 관음사 코스에서 1.9킬로미터 가량 올라간 해발 700미터 지점으로, 병문천 계곡에 위치한 관계로 계곡의 얼음을 확보, 운반하기에는 최적의 조건을 갖추고 있다. 주굴의 길이는 326미터, 가지굴은 34미터, 2층은 82미터로 이루어져 있는데, 처음 동굴이 시작되는 곳에서 68미터에 걸쳐 네 군데의 천정이 무너져 내린 모습이다.

문제는 동굴에 얼음을 보관할 경우 여름까지 녹지 않느냐는 것이다. 보통의 경우 동굴 속의 기온은 대체로 여름에는 섭씨 16도, 겨울에는 섭씨 14도 내외의 일정한 기온이 유지되는 것으로 알려져 있다. 다만 두 개 이상의 동굴 입구가 있을 때에는 기류의 이동이 생겨서 동굴 안의 기온이 달라질 수도 있다고 한다.

우리나라에 남아 있는 석빙고를 보면 내부 공간의 절반은 지하에, 절반은 지상에 있는 구조로, 외형은 무덤처럼 보이나 내부는 돌로 만들어져 있다. 이는 더운 공기는 밖으로 빠져 나가고 차가운 공기는 밑으로 내려가는 원리를 적용한 것이다. 또한 빗물을 막기 위해 석회암과 진흙으로 방수층을 만들었고, 얼음과 벽 및 천장 틈 사이에는 왕겨, 볏짚 등의 단열재를 채워 외부 열기를 차단했다.

필자의 경우 지난 2003년 펴낸 책자에서 한라산 빙고를 구린굴로 추정한 바 있지만, 솔직히 아직까지도 확신하지 못한다. 다만 구린굴의 경우 함몰된 천장을 활용할 경우 석빙고의 원리를 적용할 수 있지 않을까 추측해 볼 따름이다. 과학적인 조사가 이루어지기를 기대해 본다.

소와 말의 방목

들불축제와 관련하여 많은 사람들이 그 연원에 대해서 잘 모르는 것 같다. 왜 들판에 불을 놓아야 하는지에 대해서. 들불축제의 뿌리에는 '방앳불'이 있다. 흔히 '방앳불 놓는다'라 하는데, 늦겨울에서 초봄 사이에 들판에 마을별로 불을 놓는 풍습을 이른다. '화입(火入)'이라고도 부른다. 양질의 목초를 얻기 위해, 그리고 해충을 없애기 위한 수단으로 불을 놓았던 것이다. 결국 과거 목축문화에서 생겨난 풍습이 오늘날 축제로 탈바꿈한 것이다.

제주의 독특한 목축문화는 다른 지방에서는 찾아볼 수 없는 다양한 문화를 만들어냈다. 그중에서도 가장 대표적인 특징이 야산에 방목하는 풍속이라 할 것이다. 지금은 사라졌지만 지난 1980년대까지만 하더라도 한라산의 백록담 근처에서까지 들판에서 뛰노는 소와 말들을 볼 수가 있었다.

한라산에서의 목축, 특히 말의 사육은 탐라왕국과 역사를 같이한다. 제주도의 시조가 삼성혈의 구멍에서 솟아난 후 이들과 결혼한 벽랑국의 세 공주가 곡식의 씨앗과 함께 송아지와 망아지를 들여왔다고 전해지기 때문이다. 하지만 본격적으로 제주에 말을 키우는 목장이 운영되기 시작한 것은 몽골족의 원나라가 탐라를 지배하면서부터이다.

원은 고려 충렬왕 2년(1276) 제주도의 옛 이름인 탐라에 몽골식 목마장(牧馬場)을 설치하는 한편 말 160필과 말 관리전문가인 목호를 보내 기르게 한 것이 그 시초이다. 이후 100여 년간 탐라의 목마장은 원나라의 직할 목장으로서, 이곳에서 생산된 말은 다시 몽골로 징발해 갔다. 당시 기마병을 주축으로 지구전을 펼치며 유럽 대륙까지 진출했던 몽골의 군사들이 탔던 말 중 상당수가 탐라

제주시 견월악 인근 조랑말 방목지에서 한가로이 풀을 뜯는 말들.

에서 생산된 말인 셈이다.

　나라에서 운영하는 국영목장은 조선시대에도 계속된다. 이는 제주도가 말을 키우기에 적합한 환경을 갖추고 있을 뿐만 아니라 기후가 따뜻하고 풀이 무성하며, 호랑이를 비롯한 맹수가 없기에 산야에 방목하여 키우더라도 문제가 없기 때문이다. 하지만 『조선왕조실록』에 보면 이와는 반대 입장, 즉 땅이 좁고, 한라산의 나무가 빽빽하고 수초가 부족하기 때문에 목마장으로 적절치 않다는 논쟁이 꽤나 있다. 어쨌거나 조선시대에는 한라산 둘레에 10소장이 설치돼 운영된다. 한라산에는 말뿐만 아니라 소를 기르는 우목장도 존재했었다. 제주목의 황태장, 대정현의 모동장, 가파도의 별둔장, 정의현의 천미장 등이다.

　10소장 외에 눈길을 끄는 목장으로는 산마장이 있다. 조천읍과 표선면, 남원읍 등 한라산 중턱에 위치한 목장으로 산마를 전문으로 방목하는 아주 예외적인 목장이다. 산마장의 시작은 멀리 임진왜란으로 거슬러 올라간다. 임진왜란 직후인 1600년 김만일과 그의 아들 김대길이 전투용 말 5백 필을 국가에 바치자 조정에서는 10소장 내에 동서별목장을 설치한 것이다. 이어 1658년 김대길과 그의 아들이 또다시 전투용 말 208필을 바치자, 임금이 제주목사의 건의를 받아들여

동서별목장을 산장으로 만들어 김대길을 산장감목관으로 임명하고 그의 자손들이 그 직을 세습하게 했다.

이렇게 생겨난 산마장은 그 범위가 한라산 정상에까지 이르렀는데, 숙종 28년에 침장(針場), 상장(上場), 녹산장(鹿山場)으로 개편되고 나중에는 녹산장에 갑마장(甲馬場)이 설치된다. 최근 표선면 가시리에서 걷기 코스로 개발한 갑마장길은 녹산장 내의 갑마장을 둘러보는 코스라 할 수 있다. 여담이지만 갑마장길 개발 과정에 필자도 참여했는데, 특히 따라비오름에서 대록산에 이르는 구간의 잣성은 그 규모나 보존상태에 있어 제주도 최고를 자랑한다.

산마장의 말들은 품질이 우수해 초기부터 높은 평가를 받았다. 그 결과 임금이 타는 어승마를 비롯해 조정의 대신들, 심지어는 명나라까지 보내지게 된다. 그 성질이 억세고 기운이 왕성하여 전투용도에 적합하다는 이유에서다.

한라산에서의 소와 말의 방목은 일제강점기까지도 계속된다. 초대 제주도지사를 지낸 이마무라 도모(今村鞆)의 기록에 의하면 일본에서 들소가 있는 곳은 이즈(伊豆)의 오시마(大島)와 조선의 제주도 두 곳뿐이라고 소개하고 있다. 제주

잣성.

과거 제주도의 중산간 일대 들판은 전체가 목장지대였다고 해도 과언이 아니다.

도의 들소, 들말과 관련하여 방목된 우마가 밀림지대로 도망하여 퇴화한 것으로, 준들소, 준들말이라 부를 만하다고 평가하고 있다. 하지만 들말은 당시까지도 남아 있지만, 들소는 제1차 세계대전 당시 가죽 가격이 비쌀 때 거의 포획되어 얼마 남지 않았다는 것이다.

한편 1933년 마을단위로 116개소의 마을공동목장이 결성되며 제주에서의 우마 방목은 일대 전환점을 맞게 된다. 마을단위로 바뀐 것인데 예를 들면 노형동의 경우 한라산에서 방목하는 오립쇠(野牛)는 아흔아홉골에서 백록담에 이르는 '상산'에서 방목했다. 구체적으로 정존마을은 아흔아홉골 부근에서, 광평마을은 큰두레왓이나 장구목 너머에 있는 '왕장서들' 아랫 부분인 '도트멍밭'에서 방목했다고 밝히고 있는데 이곳은 오라동과 이호동, 도두동, 연동의 주민들도 함께 이용했다고 한다. 또 광평이나 월산마을인 경우는 어승생 서쪽의 '서평밭'과 만세동산, 백록담에 이르는 '웃중장'에서, 일반 소는 '알중장'에서 방목해 소를 보러 가기 위해서는 첫닭이 울 무렵 집에서 출발해야만 했다고 증언하고 있다.

한라산에서의 방목은 4·3사건 이후 또다시 재개되는데 1970년대 초반 국립공원 지정 이후 이러한 방목은 환경 논란에 휩싸이며 10여 년간 논쟁이 되기도 했다. 1975년 7월 한라산국립공원 관리사무소에서는 공원구역 내에서의 가축 방목을 금지하기로 했다. 이는 가축 방목으로 희귀식물이 훼손되고 축주들이 가축 관리를 빙자해 무단출입함에 따른 것으로 방목 일체를 불허하고 위반자는 사법 처리할 방침을 세운다.

　이어 1976년 7월 제주도는 국립공원에 들어가는 가축에 대해 관계법을 적용하여 축주들을 다스리겠다고 발표, 전통적인 방목 행위에 쐐기를 박겠다는 입장을 밝혔는데 부작용도 예상돼 단속보다 계몽이 앞서야 한다는 여론이 제기되기도 했다. 당시 공원관리자들은 해마다 여름철이면 백록담 등 깊은 산 속에서 5-6마리씩 떼 지어 다니는 가축들로 골치를 앓아왔다.

　그리고는 1980년 7월 한라산 1,500고지 이상에서의 방목 행위를 철저히 단속하기로 했다. 연대보호림 안에서의 방목 행위를 허용하는 내용의 산림법시행령

제주 조랑말.

이 1984년 7월 개정된 이후 1985년 5월에는 도내에서는 처음으로 국유림 내의 공동방목을 허용하기도 했다. 결과적으로 한라산에서의 방목은 1988년을 기해 완전히 금지된다.

한편 한라산에서의 방목을 금지한 이후 1990년대 중반에는 제주조릿대가 기하급수적으로 번식하자 시로미와 털진달래 등 다른 식물이 고사 위기에 처했다. 당시 방목을 금지했기 때문에 발생한 현상이라며 방목을 허용해야 한다는 지적이 제기되기도 했다. 실제로 제주조릿대 군락지 시험포에 제주마를 방목한 결과 조릿대 잎사귀뿐만 아니라 줄기까지도 먹는 것으로 나타났다. 더 이상 늦기 전에 방목 금지의 따른 득과 실을 비교 분석하여 특단의 대책을 세워야 할 필요가 있다.

한편 화입, 즉 목장의 야초지에 방앳불 놓기 또한 환경파괴 논란이 대상이 되는데, 목축과 관련해 신문에 문제가 제기된 것은 1965년 5월로 진드기 구제를 위해 목야지를 태우는 화입 행위를 1966년부터는 금지한다는 내용이다. 이후 1967년의 기록에 의하면 1966년 한 해 화입으로 소실된 산림은 10만 그루에 해당한다는 기록이 나오는데 도에서는 화입시 군수, 경찰서장, 각급 행정기관장이 연대하여 경방태세를 갖추도록 지시하기도 했다.

이 과정을 거쳐 화입은 1970년부터 금지되는데 1977년 3월 표선면 가시리에서 자기 임야에 불을 지른 농민이 산림법 위반 혐의로 검찰에 처음으로 구속되기도 했다. 당시 당국은 화입 행위를 6대 폐습으로 규정, 추방운동을 전개할 무렵이었다. 이어 1990년 8월 애월읍 금덕리 마을공동목장에서 15년 만에 화입이 행해지고, 1995년 7월에 야초지 및 방목지에 대한 화입이 전면 허용된다.

앞서도 얘기했지만 방앳불 놓기라는 전통문화를 오늘에 맞게 축제로 재현한 것이 들불축제다. 우리의 문화를 어떻게 계승 발전시킬 것인가에 대한 고민이 필요하다.

4·3사건의 흔적들

제주의 4월은 늘 아픔으로 다가온다. 4·3사건 때문이다. 제주 4·3과 한라산은 불가분의 관계가 있다. 1948년 4월 3일의 무장봉기도 한라산 중턱의 오름에서 봉화가 오르는 것을 신호로 4·3의 시작을 알린다. 이후 4·3이 마무리될 때까지 무장대는 한라산을 근거지로 게릴라전을 펼쳤고, 토벌대는 이들을 추격해 한라산과 오름에서 쫓고 쫓기는 공방을 벌이게 된다.

4·3과 관련한 한라산의 유적이라 하면 무장대의 은신처, 토벌대의 주둔지, 주민들이 피난생활을 했던 장소, 중산간의 잃어버린 마을, 그 밖의 기념물 등을 꼽을 수 있다. 미국 국립문서보관소에서 발굴한 4·3 당시의 사진들을 보면 윗세오름 일대에서 작전을 펼치는 군인들의 모습도 볼 수 있다. 기록사진 중에는 한라산 중턱에서 피난생활을 하는 주민들의 모습, 그리고 하산하는 모습 등도 보인다. 최근 이 사진들과 관련하여 몇몇 지인들과 이야기를 나누다 그 장소가 산세미오름과 제주시 해안마을 사이의 해안목장 인근이라는 결론을 내린 적이 있다. 구체적인 장소는 현지조사와 주민들을 대상으로 증언 채록이 뒤따라야 정확해지겠지만. 영화 〈지슬〉에 나오는 동광리 사람들의 경우도 큰넓궤가 토벌대에 발각된 후 나중에 영실의 불래오름 일대에서 피난생활을 했었다.

이처럼 한라산에는 수많은 4·3 관련 유물·유적이 산재할 것으로 추정된다. 그럼에도 불구하고 이들 유적에 대해서는 제대로 조사된 게 없다. 한라산이 워낙 광범위하고, 또 국립공원 구역으로 묶여 조사에 어려움이 있기 때문에 빚어진 문제다. 어쩌면 마을 주변을 먼저 조사하다 보니 우선순위에서 밀렸을 수도 있겠지만.

4·3 당시 한라산을 비롯한 중산간 일대는 철저하게 고립된다. 1948년 10월 17일 제주도 경비사령관 송요찬은 "해안선으로부터 5킬로미터 이상 떨어진 중산간지대를 통행하는 자는 폭도의 무리로 인정하여 총살하겠다"는 포고문을 발표하고 중산간 마을 주민들에 대해 해안 마을로 이주하라는 포고령을 내렸다.

1948년에 내려진 소개령으로 제주도 중산간 마을은 사람이 살지 않는 곳으로 변했다. 마을 주민들이 좌익 무장대에게 도움과 피난처를 제공한다고 판단한 토벌대는 중산간 마을 주민들을 모두 해안지대로 내려 보낸 다음 마을 전체를 불태워 버리는 이른바 초토화 작전을 자행해 폐허만이 남게 되었다.

1954년 가을, 입산금지가 풀린 뒤 피난민들은 중산간의 자기 마을로 되돌아가 마을을 재건하게 되는데 상당수의 마을은 이때 재건되지 못하고 영영 사라져버린, 잃어버린 마을로 방치됐다. 제주 4·3연구소가 조사한 잃어버린 마을 현황을 보면 77개 마을에 달한다. 그중 영남마을이나 종남마을, 동광리의 무동이왓, 삼밧구석 등은 해마다 4월이 되면 시민들이 역사순례 장소로 많이 찾는다.

이밖에 경비대가 무장대를 토벌하며 쌓은 돌담이 남아 있는 주둔소가 있는데

선흘리 목시물굴 내부의 4·3 당시의 유품들.

한라산 동쪽의 수악주둔소를 비롯하여, 서쪽의 녹하지악, 남쪽의 시오름, 북쪽의 관음사 등 곳곳에 아직도 옛 모습 그대로 남아 있다.

또한 무장대를 이끈 이덕구가 은신했던 괴평이오름 주변 일대도 '이덕구 산전'이라 하여 답사 코스의 하나가 되었다. 1949년 봄 이후에는 무장대 사령부인 이덕구부대가 잠시 주둔했던 곳으로 전해진다. 하천의 절벽이 휘돌러 가며 흐르기 때문에 천연요새였던 것이다. 이덕구는 훗날 인근에 위치한 작은개오리오름 자락에서 토벌대의 총에 맞아 사망했다.

무장대의 은신처도 있다. 대표적인 곳이 한경면 산양리 한수기곶이다. 4·3 초기 대정면당 사령부가 은신했던 곳으로, 오찬이궤라는 굴을 중심으로 근거지로 삼았다. 이밖에 수악계곡의 바위 절벽 밑에 보면 바위틈에 돌담을 쌓아 만든 10여 명이 은신할 수 있는 공간이 있다. 주의를 기울여야 찾을 수 있을 정도로 은폐된 곳이다. 어리목의 관리사무소 뒤편에도 돌을 아치형으로 쌓은 후 흙을 덮어 위장한 토굴이 몇 해 전 발견되기도 했다.

주민들이 피신 생활을 했던 장소 중에는 앞서 얘기한 동광리의 큰넓궤와 선흘리의 목시물굴, 어음리의 빌레못굴, 다랑쉬굴 등이 널리 알려져 있다. 길이 40미터 정도의 작은 용암 동굴인 다랑쉬굴 속에서는 열한 구의 유골이 확인됐다. 유골의 주인은 아홉 살 어린이 한 명, 부녀자 세 명, 성인 남자 일곱 명 등로 판명됐다.

선흘 곶자왈에 위치한 목시물굴은 많은 선흘 주민들이 은신해 있던 굴이었다. 목시물굴에서 총살된 희생자는 40여 명이다. 굴에서 나오자마자 총을 쏜 후 시신에다 기름을 뿌리고 태웠기 때문에 나중에 희생자가 누구인지 분간하기가 어려울 정도였다고 한다. 주변에는 4·3 당시 무장대나 피난민들이 움막을 지어 생활하던 '트'(아지트의 줄임말)의 흔적이 산재해 있다. 황금곰의 화석이 발견되기도 한 구석기시대 유적으로 잘 알려진 어음리의 빌레못굴에서는 4·3 때 30명 가까운 주민들이 희생되었다. 아무것도 모르는 젖먹이까지.

1954년 9월 21일 제주도 경찰국장인 신상묵은 한라산 금족지역을 해제, 전면 개방을 선언하는 한편 지역주민들에게 부과됐던 마을 성곽의 보초 임무도 해제했다. 이는 1948년 4·3사건 발생 후 6년 6개월 만의 일로 사실상 도 전역을 평시

백록담 북쪽 능선에 세워져 있는 한라산 개방 평화기념비.

체제로 환원시킨 것이다.

한라산이 전면 개방됨에 따라 다시 등산의 발길이 이어지는데 그 시작이 같은 해 10월 5일 제주초급대학 학도호국단 주최로 120명 전원이 사각모를 쓰고 한라산을 오른 것이다. 당시 이들은 아흔아홉골과 어승생 사이로 올라 큰두레왓을 거쳐 정상에 올라 백록담 물을 떠다가 저녁밥을 지어 먹었다. 당시 산행에 참여했던 현용준 박사의 기록에 의하면 아직도 산에 무장대가 남아 있을지 몰라 총을 든 이들도 동행했다고 한다.

이어 10월 10일에는 제주신보사가 주최한 '한라산 개방기념 답사'가 열려 길성운 도지사와 김창욱 검사장, 신상묵 경찰국장, 미 고문관 등 군경, 교육·금융·언론계 인사 66명이 참가하기도 했다. 또 도청 산하 내무국, 산업국과 경찰국 합동으로 구성된 횡단도로 조사반이 한라산 횡단도로 공사를 위한 현지조사에 나서기도 했다.

제주대학 답사반은 한라산 전역에 대한 조사에 나서는 등 한라산 개방에 따른 도민들의 관심을 불러일으켰다. 이외에도 한라산 개방을 기념하는 등반대회가 기관, 직장, 단체별로 잇따라 한라산 개방 후 1955년 봄까지 전국 15개 산악회가 한라산을 등반한 것으로 기록되고 있다.

한편 한라산 입산금지령이 해제되고 1년 뒤인 1955년 9월 21일에는 한라산의 정상인 백록담 북쪽 능선에 한라산 개방 평화기념비가 건립되었고, 그 비는 아직도 한라산 정상에 서 있다. 신선부대장 허창욱이 글을 쓰고 동화임업 사장 이광철이 건립했다.

이와는 별도로 한국산악회 기록을 보면 백록담에는 평화기념비말고도 평정기념비가 따로 있었음을 알 수 있다. 한국산악회는 1957년 1월 12일부터 29일까지 18일간 제2차 적설기 한라산 등반에 나서는데, 당시 홍종인 회장이 제주도 4·3사태 평정기념비를 바라보는 사진이 『한국산악회 50년사』에 실려 있다.

이와 관련하여 선배 산악인들의 얘기를 들어 보면 예전 백록담의 서쪽 정상 부근에 비석이 있었는데, 누군가가 외륜의 절벽으로 밀어 버렸다고 한다. 해서 예전 산악안전대 대원들이 백록담 서쪽 벽을 타고 오르는 훈련을 할 때 깨진 비석의 파편을 주의해서 살펴볼 것을 부탁했었는데 확인할 수가 없었다고 한다.

표고버섯 재배와 산림훼손

매년 봄마다 제주 들판에는 고사리를 꺾으려는 인파로 넘쳐난다. 그런데 이 부분에서 모두들 궁금해 하는 것이 있다. 제주에서 산나물과 약초를 활용한 사례가 흔치 않다는 것이다. 예전 제주 사람들이 한라산에서 채취했던 것으로는 무엇이 있었을까. 대표적인 것이 표고버섯과 시로미와 오미자 열매를 꼽을 수 있다. 1520년 제주에 유배됐던 충암 김정이 남긴 『제주풍토록』에 의하면 "오직 토산물에 표고가 가장 많다"는 표현이 있다. 덧붙여 제주에서는 향심(香蕈)을 표고(蔈古)라 했다는 설명과 함께.

제주에서 표고는 오래전부터 채취해 왔다. 『세종실록』 1421년 정월의 기록을 보면 제주에서 진상했던 물품이 소개되는데, 감귤, 유자, 동정귤, 청귤 등과 더불어 표고와 비자 등이다. 예조에서 왕에게 진상품목 중 계절 특산물의 지속적인 진상을 건의하는데 임금이 제주에 대해서는 면제토록 명했다는 내용이다. 그 이전부터 이미 표고가 진상품이었다는 얘기다.

1651년 제주목사로 부임했던 이원진이 남긴 『탐라지』에도 토산물로 표고를 소개한 후 4월과 5월에 각각 2섬 1말 5되를 납품했다고 설명하고 있다. 표고 수확기인 12월에는 새 표고버섯 1말 2되를 별도로 진상했다. 이와는 별도로 대정현에서는 봉상시에 표고버섯 12근 13냥을, 내수사에 5말, 대군방에 4말을 바치기도 했다.

1841년 제주목사로 부임했던 이원조의 『탐라지초본』에서도 4월에 표고버섯 12말을, 12월에 새로 나온 표고 4말 8되를 바친다고 소개하고 있다. 이밖에 정의현에서는 봉상시라는 관아에 표고 10근 9냥을, 대정현에서도 역시 봉상시에 표고 20근 13냥을 진상했다.

여기에서 소개하는 표고는 한라산 천연림에서 자생하는 품종이라 할 수 있다. 한라산의 기후와 토양 등이 표고 발육에 적합하다는 얘기이기도 하다. 하지만 표고의 수확이 대부분 추운 겨울에 이루어지는데 표고의 채취를 위해 산속을 헤매는 백성들의 고초 역시 대단했으리라 여겨 볼 수 있다.

한라산의 기후조건이 표고 재배에 적합하다는 사실을 먼저 인지하고 인공재배에 나선 이들은 일본인이다. 한라산에서의 표고 재배는 1906년 후지타(藤田寬二郎) 등이 '동영사(東瀛社)'를 조직해 처음 시작했다. 하지만 표고 재배의 특성상 벌채 후 3년이 지나야 수확이 가능하기 때문에 1909년부터 수확이 이뤄졌는데 슈우게츠의 기록에 의하면 일본인이 채취해 수출한 표고는 1909년 625근을 시작으로 1910년 2,618근, 1911년 10월 말 현재 3,856근에 이르는 것으로 확인된다. 1912년에는 1만 근 이상이 될 것으로 당시에 예측했던 기록이 나오는데 슈우게츠는 그의 책에서 "한라산 일대가 모두 표고 밭으로 바뀐 느낌"이라 적고 있다.

제일 먼저 한라산에서 표고 재배를 시작했던 후지타는 한라산은 표고 재배에

자목에서 재배되고 있는 표고버섯.

있어 최적의 조건을 갖췄다며 그 이유로 기후가 온화하고 대삼림이 5만 정보에 달하는데 그중 70퍼센트 이상이 표고 재배에 가장 알맞은 서어나무이고 이어 졸참나무가 그 뒤를 이어 자원이 무궁무진하다는 것이다.

이러한 이유로 인해 한라산에서는 급격하게 표고 재배가 증가하게 되는데 조선총독부의 관보에 따르면 1915년 한라산에서 매각한 서어나무는 좌면 3만 본을 비롯해 신좌면 7만 본, 신우면 5만 3천 본, 구우면 3만 본 등 18만 3천 본에 이르고 있다. 이러한 한라산에서의 벌채는 이후에도 계속해서 이뤄지며 막대한 삼림이 훼손되는 결과를 낳는다.

표고 재배와 관련하여 재미있는 이야기 하나를 소개한다. 1928년 이마무라 도모가 쓴 「제주도의 우마」라는 글에 보면 방목 중인 소가 표고 재배지에 들어가 생표고를 먹어 버렸다는 민원이 종종 발생, 경찰에까지 가는 사례가 있다는 것이다. 이때 경찰에서는 해당 소의 입 앞으로 생표고를 내밀어 소가 먹으면 소 주인이 배상을 하고, 만일 소가 먹지 않는다면 무죄로 추정했다고 한다.

한라산에서 표고 재배는 해방 이후 도민들의 손으로 넘어오는데 4·3사건을 거치며 소강상태를 맞다가 1950년대 중반 이후 다시 전성기를 맞는다. 1958년 1월 10일의 신문기사에 의하면 영림당국에서 집계한 결과 1957년 한 해 사이에 도내 국유림지대에서 5,900톤의 입목이 남벌된 것으로 나타났다고 밝히고 있는데 내용별로 보면 도벌이 409톤, 표고 재배 자목이 4,188톤, 월동 신탄용 1,338톤 등으로 표고 재배에 의한 국유림 훼손을 보여주고 있다.

1958년부터 수출에 나선 표고는 1959년의 경우 농림부의 수출목표가 5천 관인데 그중 90퍼센트가 제주산이었다. 이 과정에서 1959년 말 벌채된 자목은 무려 31만 그루, 1962년에는 2천8백 톤을 벌목한데 이어 추가로 6천 톤을 조사가 끝나는 대로 경쟁입찰을 통해 표고 재배업자에게 불하하겠다고 밝히고 있다.

한편 1968년 제주도표고협동조합이 특수조합으로 창립될 당시 창립조합원은 70명으로 표고 재배사업자가 그만큼 많았음을 알 수 있다. 특기할 만한 것은 장씨 초기밭, 박씨 초기밭 등으로 불리는 이들 표고 재배 관리사가 해방 이후 초창기 한라산 등산에 나서는 산악인들의 산장으로 종종 애용했다는 것이다.

이와는 별개로 이들 표고버섯 재배과정에서의 산림훼손 문제는 줄곧 사회문제로 대두됐다. 실례로 1973년 7월에는 국유림 21임반에서 표고 자목 벌채허가를 받은 후 4킬로미터 떨어진 장소에서 무단으로 744본을 도벌한 표고 재배업자가 구속되고 이 사건의 책임을 물어 도청 산림과 공무원들이 직무유기로 무더기 입건되기도 했다. 이 사건 이후 도에서는 한 달 뒤 표고 재배업자회의를 개최하고 내년 봄부터 자목용으로 벌채 허가를 받으면 벌채 본수의 5배 이상을 자력으로 식목하도록 의무화하고 필요한 묘목은 도에서 공급하겠다고 밝혔다. 또 표고 재배장 고용원의 신원사항을 기록한 카드를 비치하도록 하고 도벌 행위에 대해서는 면허를 취소하겠다고 경고했다.

1974년 12월에는 산림청과 도에서는 한라산 표고 재배시설 31개소 중 국립공원 구역에 있는 10개소의 표고 재배시설을 공원구역 밖으로 옮기기로 하는 한편 2단계로는 벌채량을 줄여 산림훼손을 막는 한편 신규사업 허가는 억제할 방침을 정한다.

이어 1975년에는 자목 벌채 허가량 이상을 벌채한 표고 재배업자에 대해 국유

한라산의 기후조건이 표고 재배에 적합하다는 사실이 알려지며 일제강점기부터 한라산 일대 많은 표고밭이 들어섰다. 해방 이후 해외수출로 외화획득에 기여했지만 동시에 재배용 자목 남벌로 삼림이 훼손되는 결과를 낳기도 했다.

림 대부 허가를 취소하고 표고밭을 폐쇄시키고, 1975년 7월에는 경찰에서 국유림지대 표고밭 15개소를 대상으로 도벌, 남벌 현황을 일제 조사해 허가기간을 경과해 무단으로 벌채한 업자를 입건하기도 했다. 1976년 1월에는 한라산천연보호구역 안에 있는 표고밭 7개소 중 1개소에 대해 처음으로 사업장 임대를 말소, 폐쇄시키기도 했다.

외화획득의 주역이었던 표고는 이후 수출이 막혀 사양길에 접어들기 시작해 1990년에는 환경문제와 값싼 중국산의 수입 등으로 일대 전환기를 맞게 된다. 1993년 제주도의회는 한라산 국유림내 표고 재배용 벌채허가 반대에 관한 건의문을 의원 만장일치 찬성으로 채택해 제주도에 제출하게 된다. 한라산 국유림대는 나무가 집중적으로 자라는 산림지대로 고목 등이 우거진 밀림이 있다는 그 자체만으로도 훌륭한 관광자원이고 우리 모두의 마음의 고향이라는 부연설명과 함께.

이후 한때 중국에서 표고 재배용 자목을 들여와 표고를 재배하기도 했지만 품질이 떨어지는 문제가 발생, 2002년 당국에 건의하여 부분적으로 참나무 벌채허가가 재개된다. 현재 도내 버섯 재배는 50여 농가로 그중 10여 개 농가가 한라산 국유림 지역에서 서어나무를 이용해 표고버섯을 재배하고 있다. 고민할 부분이다.

신선의 땅

한라산은 예부터 영주산(瀛州山)이라 하여 봉래산(금강산), 방장산(지리산)과 더불어 3대 영산(靈山)의 하나로 신성시되어 왔다. 삼신산(三神山)이라고도 불리는 3대 영산은 중국에서 제(齊)나라 때부터 신선이 사는 곳으로 여겨 온 이상향으로, 중국 『사기(史記)』에 "바다 한가운데 삼신산이 있는데 봉래, 방장, 영주가 그곳이다"라는 기록에서 비롯된다. 중국 제(齊)나라 위왕(威王)과 선왕(宣王), 연(燕)나라 소왕(昭王) 등이 삼신산으로 사람을 보내 늙지도 않고 죽지도 않는다는 불로불사(不老不死)의 영약을 구해 오게 지시하기도 했다. 이후 중국 천하를 통일한 진시황 시대에 이르러 동남동녀(童男童女) 5백 쌍과 함께 서불(徐芾: 서복이라 불리기도 함)을 보냈다는 곳 또한 한라산으로 전해진다. 심지어 불국토를 건설하려던 석가모니의 제자인 16존자 중 여섯 번째인 발타라 존자가 이상세계로 여겨 눌러앉은 곳 또한 한라산의 영실이었다고 『고려대장경』 법주기(法住記)와 『조선불교통사』는 전하고 있다.

모두 한라산을 신성시하는 의미에서 생겨난 이야기들이다. 신령스런 한라산의 이미지는 그 이름과 더불어 수많은 설화 속에서도 확인된다. 은하수를 능히 끌어당길 수 있는 산이라는 의미를 담고 있는 한라산의 이름부터가 예사롭지 않고 신선이 하늘에서 흰 사슴을 타고 내려와 물을 마셨다는 전설을 간직하고 있는 백록담이라는 이름의 유래에서도 신선이 등장한다.

백록담에는 흰 사슴을 타고 다니던 신선만 있었던 것이 아니다. 많이 알려지지 않은 이야기이니 잠시 소개하고자 한다. 아주 먼 옛날 백록담에는 많은 신선들이 살고 있었는데 매년 중복날에는 방선문으로 내려오고 그 사이 백록담에는 하늘에서 선녀들이 내려와 물놀이를 즐긴다는 것이다. 그러던 어느 해 중복에 호기심 많은 한 신선이 선녀들을 훔쳐보려고 백록담의 바위틈에 숨어 있었다. 이윽고 자욱한 안개가 번지며 선녀들이 내려와 물놀이를 즐기기 시작했다. 이때 이를 훔쳐보던 신선이 자기도 모르게 고개를 내밀게 되고 결국은 선녀들에게 발각된다. 기겁해 비명을 지르는 선녀들의 목소리가 하늘의 옥황상제의 귀에까지 들어가고, 신선은 동료들이 있는 방선문으로 뛰어 도망가는데 처음 뛰어내린 곳이 용진각이 되었고, 이때 달아난 길이 탐라계곡이 되었다고 한다. 옥황상제는 신병을 보내 신선을 붙잡고는 벌로 흰 사슴으로 만들어 버린다. 그 후로부터 흰 사슴은 백록담을 벗어나지 못하고 슬피 울부짖게 됐다는 얘기다.

　이원조 목사의 기록에 보면 한라산을 신선가, 즉 도를 닦는 사람들은 영굴(靈窟)이라 하여 신성한 굴로 여긴다는 대목이 나온다. 해서 옛 선비들은 한라산에 오르는 행위 자체를 신선을 찾아가는 길에 비유하곤 했다. 한라산의 원래 이름이 하늘산에서 비롯됐다고 해석했던 이은상은 한라산에 오르는 행위 자체를 하늘의 신묘한 문으로 들어선다고 표현할 정도다.

들려진 언덕(엉덕), 들렁귀의 아치형 석문.

윤제홍의 〈백록담〉 중 백록선
자 부분.

　그렇다면 신선을 만나러 가는 길, 신묘한 문은 추상적인 마음속의 문으로만
존재했을까. 한라산으로 이어지는 계곡의 경치가 뛰어난 곳에 위치한 자연 석문
을 들어가는 문이라 하여 의미 부여를 했다. 대표적인 곳이 한천 중류의 방선문
(訪仙門)과 광령천 중류의 우선문(遇仙門)이다. 방선문이 선경으로 찾아가는 문
이라면 우선문은 신선과 만나는 곳이란 의미이다.

　영주십경의 하나인 영구춘화의 무대로 더 잘 알려진 방선문은 예로부터 시인
묵객들이 즐겨 찾던 과거 제주목 관내의 대표적인 명소다. 예로부터 순우리말
'들렁귀'로 불리는데, 들려진 언덕(제주 방언 엉덕) 또는 뚫어진 언덕 정도로 이
해하면 된다. 순우리말 '들렁귀'와 신선의 세계로 들어간다는 한자어 '등영구(登
瀛丘)'가 미묘한 조화를 이룬다.

　지형을 보면 계곡 한가운데에 커다란 아치형 기암이 마치 문처럼 서 있어 마
치 신선이 사는 곳으로 들어가는 문을 연상시킨다. 이러한 경관과 더불어 옛 선
비들이 새겨 놓은 마애(磨崖)명 등이 남아 있어 역사문화적 요소와 자연경관이
복합된 자연유산으로서 가치가 뛰어나 명승 제92호로 지정됐다.

　고전소설의 무대가 되기도 하는데, 제주목사를 따라온 배비장이 서울을 떠날
때 어머니와 부인 앞에 여자를 가까이하지 않겠다는 맹세를 했음에도 이곳에서
제주 기생 애랑의 유혹에 빠져 망신을 당한다는 내용인 『배비장전』이 그것이다.
제주목사 중 가장 먼저 이곳에 글을 남긴 홍중징이 1739년에 왔음을 감안할 때
죽성마을을 거쳐 현재의 관음사 코스 방면으로 한라산에 오르기 시작한 1800년

대 이전부터 들렁귀에는 많은 사람들이 드나들었음을 알 수 있다.

한라산연구소의 조사에 의하면 방선문 일대에는 64건의 마애명이 있는 것으로 확인됐다. 이를 내용별로 보면 목사 등의 이름을 새겨놓은 제명이 48건, 오언율시 등 제영이 12건, 제액이 4건으로 방선문(訪仙門)을 비롯해 등영구(登瀛丘), 우선대(遇仙臺), 환선대(喚仙臺) 등이 그것이다.

4건의 제액을 통해 신선을 찾아나서는 과정을 살펴볼 수 있다. 내용으로는 먼저 신선을 찾아나서는 방선문을 시작으로 신선을 부르는 환선대, 신선을 만나는 우선대, 신선의 세계로 들어가는 등영구 등의 순이다. 이곳과는 별도로 이 계곡을 따라 곧장 올라가면 탐라계곡 중간지점에 신선이 숨어 사는 골짜기라는 의미를 담고 있는 은선동(隱仙洞)이라는 제액이 따로 있다. 신들의 고향이라 불리는 이곳 제주에서 한라산신을 만나러 가는 길, 또는 한라산의 신선들을 만나러 가는 시작점이 바로 들렁귀인 것이다.

제액뿐만 아니라 12건의 시에서도 상당 부분 신선과 관련한 이야기를 담고 있

마애명 제액. 위부터 시계방향으로 방선문과 우선대, 환선대, 등영구.

다. 한정운의 시에 "신선은 어디에도 뵈질 않으니(仙人不可見)"를 비롯해 임태유의 시에서는 "사슴 타고 노닐던 신선 이야기(騎鹿遊仙去)", 조희순의 시에서는 역(易)의 이치를 근간으로 해서 유교(儒敎)와 도교(道敎)를 종합한 책인 참동계(參同契)를, 환선대라는 제액 옆으로는 "이곳이 신선이 사는 곳임을 알겠네(知是在仙間)"라는 글월이 보인다.

이밖에도 "신선은 떠났지만 꽃과 바위들은 남아 있다(仙去留花石)"라거나 "신선 만나 보기 어렵다(仙人難可見)", "신선과 속인들 얼마나 들락거렸던가(仙俗幾多來)" 등 하나같이 "방선문에 들어서면 글 쓰는 사람 역시 신선이 된다(瀛丘我亦仙)"는 내용이 주를 이루고 있다.

이곳에서는 매년 오라동 방선문축제위원회 주최로 '신선들의 꽃밭 영구춘화 방선문축제'가 열린다. 이와 함께 제주시보건소 남쪽 연북로를 출발 한북교를 거쳐 방선문에 이르는 4.7킬로미터 구간에 걸쳐 '방선문 가는 숲길'이라는 이름의 오라올레가 개설돼 많은 이들이 찾는 곳이기도 하다.

얼마 전 방선문 계곡 입구에 세워져 있는 마애명 재현 표석들을 보고 고개를 갸우뚱한 적이 있다. 방선문이라는 지명과 관련하여 신선을 찾아가는 문이라 알고 있었는데, 설명에는 당나라 시인 백거이의 〈장한가〉의 시구를 인용하며 '신선이 찾아오는 문'이라 풀이하고 있었던 것이다. 게다가 조선 영조 때의 명필 홍중징(洪重徵) 제주목사의 "방선문에 올라서(登瀛丘)"라는 마애명을 재현하며 마지막 문장 "학이 울며 날아드는 것 같구나(鸞鶴若飛來)"라는 부분에서 난(鸞)이라는 글자 하나를 누락한 것도 발견할 수 있었다.

계곡에서 마애명을 하나하나 찾아보기 쉽지 않을뿐더러 그 내용을 제대로 모를 경우 감흥이 달라질 수밖에 없기에 그 설명을 달아 주는 것은 바람직한 일이다. 하지만 그 내용이 잘못되거나 글자가 누락되는 등의 실수가 있을 경우 전체적인 신뢰에 금이 갈 수밖에 없다. 철저한 고증을 거쳐 혹 잘못된 부분이 있다면 고치고 바로잡아야 할 것이다.

백록담 구봉암과 기우단

2013년 여름 제주지방은 두 달 가까이 계속되는 폭염과 가뭄으로 모든 것이 타들어 가고 있었다. 어승생 상수원의 물이 모자라 일부 지역에는 식수도 격일제로 공급되는가 하면 밭의 콩은 말라 가고, 당근은 제때 뿌리를 내리지 못해 재파종하는 사태까지 이르렀다. 급기야는 가뭄에 따른 피해에 대처하기 위해 정부에 재난특별지역 선포와 함께 국비 추가 지원을 공식 요청했다고 한다.

그렇다면 옛날에는 가뭄이 지속될 경우 제주 사람들은 어떻게 대처했을까. 지금이야 도내 곳곳에 농업용 관정이 개발돼 농업용수를 끌어다 쓰고 있지만 과거에는 쉬운 일이 아니었다. 항시 물이 마르지 않는 용천수 자체가 많지 않았고, 하천의 물도 극히 일부를 제외하고는 말라 버리고 만다. 결국은 하늘만 쳐다볼 수밖에 없다.

사람들은 어려움에 처할 때 무언가에 의지하고자 한다. 요즘은 상당 부분 종교가 그 기능을 담당하고 있지만 과거에는 그 대상이 약간 다르게 나타난다. 한 예로 가뭄이 심해지면 그 원인에 대해 하늘의 신에게, 또는 물을 관장한다는 용왕이나 용신에 제사, 즉 기우제를 지내기도 하고 심지어는 하늘이 내린 신성한 땅에 누군가가 묘를 썼기에 부정을 탄 것이라 여겨 금장지를 뒤져 몰래 쓴 묘를 파헤쳤다는 이야기가 많이 전해지기도 한다. 소위 말하는 민간신앙이다.

기우제(祈雨祭). 사전적 의미로는 가뭄이 들었을 때 산이나 바다에 가서 제물을 올리고 비가 내리기를 비는 의례를 말한다. 제주에서 산으로 향하는 경우는 천신이나 한라산신을 향해, 바다에서는 용신에게 제사지냄을 의미한다.

제주도에서 기우제 장소로 널리 알려진 곳은 백록담을 비롯해 물장올, 용연,

백록담 북쪽 모퉁이 바위지대인 구봉암. 예전 이곳에 기우제 제단이 있었던 것으로 추정된다.

수월봉, 쇠소깍, 천제연, 원당봉, 대수산봉, 단산, 영주산, 산천단 등이 있다. 이 외에 매년 정기적으로 제사를 지내는 장소로 풍운뇌우단이 제주의 중심부라 할 제주성 안에 존재하기도 했다. 기우제를 지내는 장소는 마을마다 다른데 일부 마을에서는 마을제를 지내는 포제단에서 제사를 지내는 경우도 있다.

그중 백록담의 기우제 터에 대해서는 몇 군데의 기록에 나온다. 대표적인 것이 김상헌의 『남사록』으로 "백록담의 북쪽 모퉁이에 단이 있으니 제주목(본주)에서 늘 기우제를 지내던 곳"이라 설명하고 있다. 김성구의 『남천록』에도 "백록담 못의 북쪽 모퉁이에 단이 있는데 본주에서 기우제를 지내는 곳이라 하였다"는 기록이 나온다. 이익태 목사가 남긴 것으로 전해지는 〈탐라십경도〉 중 '백록담' 그림에 대한 설명에도 소개되는데, 기록에는 "담(潭)의 북쪽 구석에 기우단(祈雨壇)이 있다. 숲이 있고 사계절 긴 봄과 같이 넝쿨 향기가 두루 멀리 미치어 향기는 신발에까지 스며든다"는 대목이다.

그림에는 비교적 소상하게 백록담의 지형·지물이 그려져 있는데, 북쪽 부분에는 아홉 개의 바위기둥이 뾰족하게 서 있다. 그 옆으로 '구봉암(九峯岩)'이라

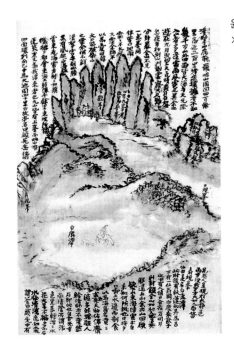

윤제홍 〈한라산도〉, 1844, 종이에 수묵, 58.5
×31.0cm, 개인소장.

는 이름이 표기돼 있다. 구봉암에 대해서는 학산 윤제홍의 〈한라산도(漢拏山
圖)〉에도 잘 나타난다. 〈한라산도〉에 보면 비슷한 형상의 바위에 "옛 이름은 구
봉암(九峰岩), 고친 이름은 구화암(九華岩)"이라 적혀 있다. 구봉암이라는 이름
은 같은데, 봉(峰)의 한자가 틀릴 뿐이다. 이렇게 볼 때 당시에 북쪽의 바위기둥
지대를 구봉암이라 불렀음을 알 수 있다.

〈한라산도〉에서는 화면 중앙에 '백록담(白鹿潭)'이라는 제명(題名)과 함께 사
슴을 탄 신선이 그려져 있고 백록담의 동쪽 바위지대에는 일관봉(日觀峰), 서쪽
에는 월관봉(月觀峰)이 표기돼 있다. 그리고는 북쪽이 구봉암이다. 아홉 개의 바
위기둥인데 '한관봉(漢觀峰)'이라는 별도의 이름도 보인다. 아홉 개의 바위기둥
중 동쪽에서 세 번째 바위에 구봉암, 다섯 번째 바위에 한관봉이다.

일관봉과 구봉암 사이에는 '조씨제명(趙氏題名)'과 '회헌대(晦軒待)'라는 글자
가 보인다. 회헌(晦軒)은 조관빈의 마애명을, 조씨제명(趙氏題名)은 조씨의 마애
명을 이르는 것이다. 여기서 조씨(趙氏)란 조영순과 그의 아들인 조정철을 이르

는 것으로 추정된다. 또 한관봉 옆에는 두 명의 선비와 두 명의 노비가 있는데 한 선비가 바위기둥에 글씨를 쓰는 모습도 그려져 있다. 현재 백록담에는 30여 기의 마애명이 있는데, 모두가 동쪽에 위치하고 북쪽에는 보이지 않는 것을 감안하면 학산이 잘못 그린 게 아닌가 여겨진다.

그렇다면 기우제를 지냈던 곳으로 추정되는 구봉암은 어디를 말하는 것일까. 〈백록담도〉에서는 장구목 동쪽의 탐라계곡 너머의 바위지대로 표시돼 있다. 탐라계곡으로 이어지는 벼랑의 동쪽이다. 관음사 코스와 백록담이 처음 만나는 지점인 백록담의 동북쪽에 위치한 바위지대는 '황사암(黃砂岩)'이라는 별도의 이름이 있다.

구봉암의 위치와 관련하여 백록담 북쪽 사면에 대해 살펴보자. 예전 등산로였던 서북벽을 오르면 동쪽으로는 계속 내리막이다. 백록담 둘레 중 가장 낮은 곳인 북쪽 능선으로 이어지는 것이다. 그리고는 가장 낮은 곳에 한라산 개방 평화 기념비가 세워져 있고, 그 동쪽으로는 다시 오르막인데 오르막 중간에 바위 무더기가 서 있다. 그림에서 얘기하는 구봉암으로 추정되는 지점.

예로부터 제사를 지낼 경우 북쪽을 향했음을 감안하면 백록담의 북쪽에 바위가 자연스럽게 병풍처럼 둘러서 있는 이곳이 기우제를 지내던 곳일 가능성이 높다. 기우단에 대한 더 이상의 자세한 기록이 없어 확언하긴 어렵지만 북쪽 지역에 이곳 외에는 마땅한 장소가 없기에 하는 말이다.

기우제의 기록과는 별도로 한라산신제에 대한 기록은 여러 문헌에 전해지고 있다. 1601년 김상헌을 시작으로 1680년 이증과 김성구의 기록이 남아 있고, 이해조의 경우는 "백록담에서 제사를 파하니 바다에는 이미 아침 해가 희망하게 올라와 있다"라는 글을 남기기도 했다. 모두들 공통적으로 백록담 못의 북쪽 모퉁이라 소개하고 있다.

지금 이곳에 가면 바위에 시멘트를 발라 그 위에 글씨를 새긴 흔적이 있다. 노(老)라는 글자가 보이는 것으로 봐서 도교 계통의 신흥종교의 하나가 아닌가 여겨진다.

백록담에서 기도를 드리려는 사례는 예전에도 종종 있었다. 기록에 의하면 1924년 부처님 오신 날 행사가 백록담에서 열렸는데 경성에서 이회광 박사와 대

흥사 주지대리, 나주 다보사 주지를 비롯한 신도들이 참가해 대성황 속에 진행됐다는 이야기가 『조선불교』에 소개되기도 한다. 해방 이후에도 크게 다르지 않다. 심지어 1974년 8월에는 백록담에 채소밭을 만들어 자연을 훼손했던 제주시 모 교회 목사가 입건되기도 했다. 조사 결과 이 목사는 교회 신도들과 백록담 분지에 기도장을 만들면서 부근의 구상나무 가지를 자르고 잔디를 파서 채소를 심기까지 했다.

한라산은 예로부터 삼신산의 하나로 신성시해 왔다. 한라산 자체가 신이 거주하는 상주처라 여겨졌는데, 그중에서도 백록담과 영실, 물장올은 더더욱 신성하게 생각했다. 특히 백록담은 한라산의 꼭대기로 한라산신이 거주할 뿐만 아니라 백록을 탄 신선이 노니는 땅이기도 했다.

한라산의 명당

제주에서는 음력 8월이 되면 조상의 묘소를 찾아 벌초하는 풍습이 있다. 특히 팔월 초하루에 '모둠벌초'라 하여 친척들이 모여 함께 벌초를 한다. 요즘은 팔월 초하루가 평일인 경우가 많아 초하루 전후의 주말에 모둠벌초를 하는 일가친척이 늘고 있지만 모둠벌초에는 육지부에 나가 생활하는 후손까지도 반드시 참석을 한다. 심지어 추석에 불참하는 것은 용납이 되지만 모둠벌초에 빠지는 것은 문제를 삼을 정도다.

그리고는 추석 이전에 모든 조상의 묘소를 찾아 성묘를 한다. 추석날 당일에 성묘를 하는 육지부와는 다른 제주도의 독특한 풍습이다. 요즘이야 도로사정이 좋아지고 집집마다 차량이 있어 쉽게 묘지까지 갈 수 있지만 예전에는 며칠에 걸쳐 벌초를 하기도 했다. 특히나 한라산 중턱에 묘지가 위치한 경우는 더더욱.

한라산 등산을 하다 보면 간간이 무덤을 볼 수 있다. 요즘 많은 사람들이 찾는 사라오름 분화구 안에도 무덤이 있고, 영실 분화구 안에도 무덤이 보인다. 심지어는 예전에 등산로로 이용됐던 백록담 서북벽 직전 장구목 정상부에도 무덤이 있다. 지금은 코스가 바뀌어 보이지 않지만 영실의 구등산로변에도 여러 기의 묘가 있고, 관음사 코스의 개미목 지경에도 묘가 있었다.

등산로와는 별도로 산 중턱에 위치한 많은 오름의 정상부에도 무덤이 많다. 대표적인 곳이 민대가리동산을 비롯하여 왕관릉, 흙붉은오름, 족은두레왓, 사제비오름 등이다. 국립공원 구역 중 약간 저지대에 해당하는 불칸디오름이나 성진이오름, 장오름, 망월악(서흘목악), 삼형제오름, 산근악 등은 말할 것도 없다. 이들 대부분의 묘지는 지금도 후손들이 벌초를 한다. 통제구역이다 보니 사전에 관리사무소에 출입신고를 하는 번거로움이 따르지만.

이처럼 한라산의 높은 고지대까지 와서 묘를 쓴 이유는 무엇일까. 이와 관련하여 눈길을 끄는 문헌이 있다. 일제강점기인 1928년 8월 발간된 『문교의 조선』이라는 책자에 실린 박성근의 제주도 견문기에 의하면 "제주도민은 선조의 분묘를 될 수 있는 대로 높은 곳에 모시면 자신이 번창한다고 여겨 해발 5천 척 이상이나 되는 한라산록 갈대지대까지 분묘가 곳곳에 산재해 있음을 보게 된다"고 소개하고 있다.

제주도의 각종 전설에 보면 과거 제주 땅은 이 땅을 구원할 임금이 태어날 왕후지지의 명당이었다. 하지만 이를 막으려는 주변 강대국의 방해로 제주의 명당은 파괴된다는 것이 전설의 주요 내용이다. 대표적인 예가 아흔아홉골 전설과 호종단과 관련된 단혈 이야기들이다. 제주도는 원래 백 개의 골짜기가 있어 왕이 나올 땅인데, 중국에서 온 스님이 골짜기 하나를 없애 버리자 호랑이와 사자 등 맹수들도 함께 사라지고 그 후로는 왕도 나지 않는 척박한 땅으로 바뀌었다는 얘기다. 호종단의 단혈 이야기도 크게 다르지 않다.

백록담이 보이는 장구목 정상부의 무덤. 2012년 9월에 비석을 새롭게 조성했다.

그렇다면 제주에는 명당이 없을까. 제주에는 예로부터 6대 명당이 인구에 회자돼 왔다. 양택으로 6개의 명당, 음택으로 6개의 명당이 전해진다. 음택 6대 명당은 첫째, 사라오름을 비롯하여 제2 개미목(개여목), 제3 영실, 제4 도투명, 제5 반득(남원읍 의귀리), 제6 반화(애월읍 지경)이다. 그중에서 4개의 명당이 한라산국립공원 구역 안에 위치하고 있다.

먼저 사라오름에는 분화구의 동쪽 안사면에 3기의 묘가 자리 잡고 있다. 사라오름은 정상에 물이 고이는 화구호로 유명한데, 심지어는 물이 고이는 호수 안에 수중 무덤이 있다는 전설이 전해질 정도로 명당으로 꼽히고 있다. 명당이기에 그런지는 모르지만 1988년 사라오름에 산불이 발생해 오름 동쪽 능선 넓은 면적이 불에 탈 때도 오름의 바깥 사면에만 피해를 입었을 뿐 무덤이 위치한 안쪽 사면은 온전했었다.

개미목은 관음사 코스로 오르다 보면 만나는 지점으로, 동탐라계곡과 서탐라계곡 사이의 능선을 말한다. 예전에는 등산로변에서 무덤들을 볼 수 있었으나 10여 년전 등산로를 정비하면서 우회하는 바람에 지금은 이들 무덤을 볼 수가 없다. 이곳에 조성된 양씨 묘의 경우 비문을 보면 고종 정묘년(1867)에 생을 마쳐, 장(葬)을 사소장 내 개미목의 동남 방향의 좌(坐)로 자리하였다고 설명하고 있다. 비석은 1981년에 애월읍 고성리에 거주하는 후손들이 세운 것이다.

이곳 또한 예외 없이 명당과 관련한 전설이 전해진다. 그 내용을 보면 이곳에 부친의 묘를 쓴 문사랑이란 제주목사의 사령이 있었는데, 힘이 천하장사였다. 나중에 서울에 올라가 말썽을 피우자, 조정에서는 문사랑을 잡기 위해 관아에 일부러 불을 지르고 이를 끄는 사람에게 상을 내린다는 방을 내건다. 이에 문사랑이 뭣도 모르고 여기에 끼어들었다가 잡히는데, 그 원인을 조사하다 명당 자리에 모신 부친의 영향임을 알고 그 무덤을 파헤쳐 버렸다는 내용이다.

영실의 경우는 더더욱 많은 묘가 있고, 관련된 이야기 또한 많이 전해진다. 현재 영실 분화구 안에는 3기의 묘가 있는 것으로 전해지고 있다. 겨울철 나뭇잎이 떨어진 이후에 보면 등산로에서도 쉽게 확인이 가능하다. 이뿐만 아니라 영실 분화구의 동쪽 능선, 그러니까 예전의 등산로에 보면 5기의 묘가 확인이 가능하다. 심지어는 중국 송나라 때의 대학자인 주희의 부친 무덤이 있다고 전해

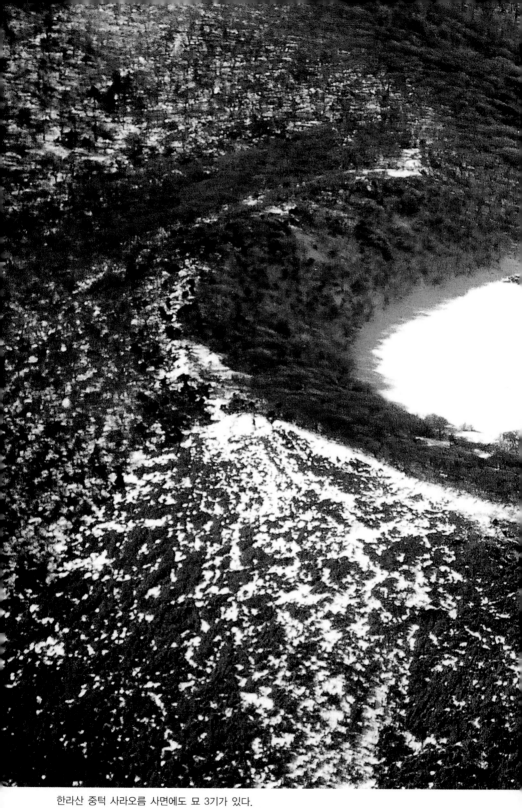

한라산 중턱 사라오름 사면에도 묘 3기가 있다.

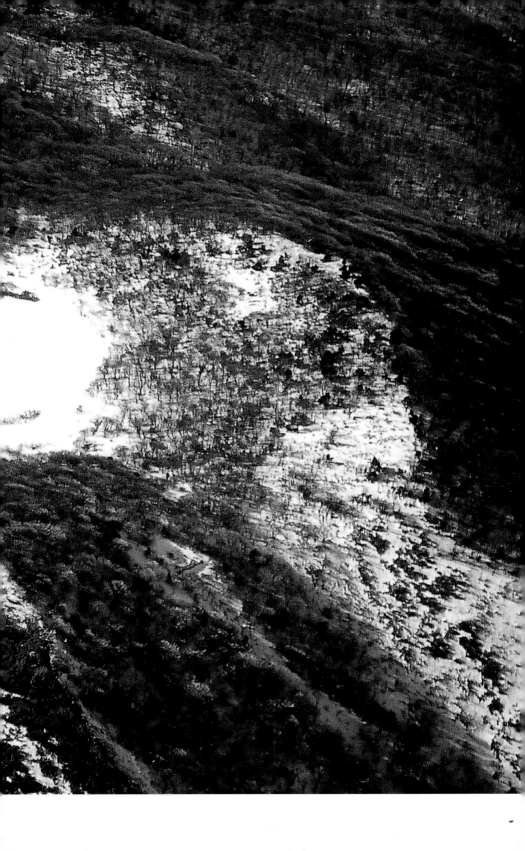

무인석과 무인석을 갖춘 묘.

지기도 하는데, 주씨 묘 또는 주씨 무덤이라 부르는 곳이다.

영실 분화구 안의 묘 중에는 영조 계사년(1763)에 사망한 이씨의 묘가 있는데, 문과에 합격해 거듭 찰방을 역임하였고 여러 직위를 지내 나중에 종2품까지 이르렀던 인물이다. 비석은 1943년에 건립됐다.

오백장군 서남쪽의 묘는 진씨의 묘인데, 고종 을미년(1895)에 사망한 인물이다. 묘의 위치와 관련하여 한라산 영실 청룡모루 북동 방향을 머리로 하였다고 소개되고 있다. 비석은 1945년에 세워졌는데, 유학자인 이응호(李膺鎬) 선생이 지은 것으로 돼 있다.

네 번째 명당인 도투명은 돼지머리 형상이라 하여 '해두명(亥頭明)'이라고도 불리는데, 민대가리동산을 말한다. 민대가리동산은 어리목 코스로 등산을 하다 만세동산 지나 윗세오름 가기 직전 북쪽으로 보이는 오름이다. 현재 이곳에는 5기의 무덤이 있는데, 그중에는 1900년대 전반기 한라산에서의 전설적인 인물인 마용기의 부친 마희문의 묘가 특히 눈길을 끈다.

마희문은 헌종 무신년(1848)에 전라도 강진 비자동 집에서 태어나 의술과 점술, 주역에 능통했던 인물로 전해진다. 무자년(1888) 봄에 정의현감에 임명돼 제주로 들어와 1904년 사망했다. 비석은 1944년에 세워졌는데, 마용기가 비문을 부탁하자 이응호 선생이 쓴 것으로 돼 있다. 비문에서는 이 지역을 '사소장 저두전(四所場 猪頭田)'이라 표기하고 있는데, 풀이하면 돗머리왓 즉 돼지머리에 해당하는 말이라 할 수 있다.

한편 이 자리에 부친의 묘를 조성한 마용기는 스님으로 풍수에 능통했을 뿐만 아니라 자식이 없는 사람들이 마용기 스님이 조성한 산신기도 터에서 기도를 올리면 자식이 낳았다는 전설와 같은 이야기가 전해진다.

조상의 묘를 명당에 써서 발복하려는 심리는 과거의 얘기만은 아니다. 지난 2005년 8월 한라산국립공원 관리사무소에 조난신고가 접수되는데, 50-60대 등산객 4명이 안개와 빗속에 길을 잃고 실종됐다는 내용이었다. 이에 대대적으로 구조대를 꾸며 수색작업에 나서 실종 22시간 만에 모두 구조되는데, 조사 결과 이들은 산행이 목적이 아니라 한라산의 명당 자리를 찾아 묘를 쓰려고 몰래 들어갔던 것으로 확인된 바 있다.

영실 오백장군 동쪽의 묘와 한라산 1,800고지의 묘를 벌초의 편의를 위해 몇 해 전에 가족묘지로 이장하는 사례도 있다. 풍수지리학에서는 명당의 주인은 따로 있다는 말을 한다. 그만큼 효와 덕을 쌓아야 한다는 이야기다. 한라산의 명당 또한 크게 다르지 않다. 착한 일을 많이 하고 볼 일이다.

한라산의 성소들

신령스런 산, 한라산을 이야기할 때 가장 먼저 등장하는 이야기가 진시황과 불로초에 관한 것이다. 한라산이 신선이 사는 산신산의 하나라는 얘기다.

진시황은 황제의 자리에 오르자 만리나 되는 장성을 쌓고, 많은 궁궐을 지어 수천의 궁녀들 속에 파묻혀 부러울 것 하나 없이 지냈다. 매일같이 환락을 즐기던 진시황은 힘이 부치는 것을 느끼고는 영원히 늙지 않고 죽지 않는 방법이 없나 찾게 된다.

하루는 "동해에 신선이 산다는 곳에 선약이 있다는데 구해 오도록 하라"고 명하였으나 아무도 나서는 이가 없었다. 난폭한 황제였기에 모두들 피했던 것이다. 그런데 서복(서불)이 주청하기를 "동해 가운데 삼신산이 있으며 그곳에는 신선이 살고 불로초가 있습니다. 하오니 동남동녀 오백과 백공을 딸려 주시면 그 불로초를 구해다 바치겠습니다"라는 것이었다. 이에 진시황은 기쁜 마음에 요구를 모두 들어주고 불로초를 캐 오도록 명했다.

서복은 곤륜산의 천년 묵은 나무들을 베어 큰 배 수십 척을 만들고, 양가집의 동남동녀 각 오백 명을 뽑고, 뛰어난 백공들과 금은보화, 식량을 가득 싣고 배를 띄웠다. 그들은 망망대해에서 거친 파도와 싸우며 죽을 고비를 여러 차례 넘긴 끝에 마침내 영주 땅 금당포에 도착했다.

이튿날 아침 해가 솟아오르자 서복은 바닷가 큰 바위 아래서 제사를 올리며 영주 땅에 무사히 도착하게 해준 하늘에 감사드렸다. 그리고는 그 바위에 '조천(朝天)'이라는 글을 새겨 놓았다. 훗날 이 바위를 '조천석(朝天石)'이라 부르고, 이때부터 조천이라는 마을 이름과 배가 정박했던 조천포라는 포구 이름이 생겨

신령스런 방의 의미를 담고 있는 영실.

나게 됐다.

이어 서복은 불로초를 찾아 한라산에 올랐다. 한라산에 오르고 보니 운무가 내려 지척을 분간할 수 없는데 언뜻 신선과 백록이 보이는 것 같아 가까이 다가 갔더니 어디론가 자취를 감추는 것이다. 그런데 그 자리에 이상한 영초가 있어 그 지초를 캐내 산을 내려오는데 어디선가 옥금 소리가 들리는 듯하였다.

서복이 하산한 곳은 산남의 정방폭포로, 바위 절벽에서 바다로 곧바로 떨어지 는 폭포수에 감탄을 하며 폭포 암벽에 '서불과차(徐市過此, 서복이 이곳을 지나 가다)'라는 글을 새겨 넣은 후 배를 타고 서쪽으로 돌아갔다. 서귀포라는 지명은 여기서 유래했다고 한다.

서복은 한나라 때 사마천이 쓴 『사기(史記)』에도 그 이름이 나오는 인물이다. 전하는 이야기를 종합하면 서복은 BC 255년(제왕 10년) 진나라가 통일되기 전 제나라에서 태어났다. 서복의 고향은 진나라 당시 제군 황현 서황으로 오늘날 산동성 용구시이다. 한편 강소성 감유현 서부촌도 서복의 고향이라 전해진다. 서복은 제나라에서 태어나 자연스레 신선사상의 영향을 받으면서 천문과 의학, 신선술, 점복 등을 연구하는 방사가 되었다.

일설에는 서복이 한라산에서 불로초를 찾아 헤맸으나 그 뜻을 이루지 못하고

백록담에서는 성화 채화를 비롯해 갖가지 기원제가 열린다.

일명 '영주실'이라 불리는 시로미를 채취해 갔다는 이야기와 불로초를 찾지 못하자 진시황의 노여움이 두려워 일본으로 도망갔다고 한다. 최종 정착지로 알려진 일본에서 서복은 농어업, 의약, 주거문화, 토기 등 야요이문화를 창달시켜 일본의 문명 발전에 기여했다는 이야기가 전해진다.

삼신산 이야기 때문인지는 모르지만 한라산에는 예로부터 신령스런 장소들이 여러 곳 전해진다. 대표적인 곳이 백록담과 영실, 물장올, 아흔아홉골 등이다.

백록담은 한라산의 정상으로 한라산신제를 지내는 장소임과 더불어 남극 노인성을 볼 수 있는 곳이라 하여 신성하게 여겨 왔다. 노인성은 샛별같이 밝기는 하지만 남극에 있어 하늘 위에 잘 나타나지 않으므로 한라산과 중국의 남악에서만 이 별을 볼 수 있다고 전해지는데, 이 별을 본 사람은 장수한다는 믿음이 있다.

기록에 의하면 심연원(沈連源, 1491-1558)과 『토정비결』로 유명한 이지함(1517-1578)이 노인성을 보았다고 전해지는데 세종 때는 역관 윤사웅(尹士雄)을 파견하여 한라산에서 관측하게 했으나 구름 때문에 보지 못했다고 전해진다. 이 원조 목사는 『탐라록』에서 1841년 가을에 자신이 직접 관측한 것을 토대로 남남동쪽(丙: 168°)에서 떠서 남남서쪽(丁: 192°)으로 지는데 고도가 지면에서 3간(21°) 정도의 높이에서 보인다고 설명하고 있다.

『조선왕조실록』에도 노인성과 관련한 내용이 전해질 정도다. 정조 21년(1797) 윤6월 1일(기해) 기록에 보면 대신들과 영성과 수성에 대한 제사 여부를 논의하는 내용이 소개되고 있다. 이에 따르면 "저 한라산은 진산(鎭山)으로 이미 방내(方內)의 명산이며 남극수성(南極壽星)이 항상 이 지역에 나타나고 또렷한 반달이 그 사이에서 떠나지 않은 듯하니, 우리나라에서 이 별에 제사지내는 것은 그 지역에 있다는 뜻에 어긋나지 않습니다"라며 다시 한라산에서 노인성에 제사지낼 것을 건의하는 내용이다.

한편 영실은 그 이름 자체에서 느낄 수 있듯이 신령스런 공간으로 여겨져 왔

백록담과 영실 일대에는 갖 가지 형상의 바위들이 있어 신비로움을 더한다.

다. 오백장군 전설이나 석가모니의 제자가 직접 창건한 것으로 전해지는 존자암 등 예로부터 최고의 기도터로 수많은 이들이 찾았다. 존자암은 조선시대에 '국성재'라 하여 나라의 안녕을 기원하는 제사를 지내던 곳이었다.

이밖에 불교와 무속을 신봉하는 이들이 영실을 많이 찾아 영보사 등 사찰들이 등산로변에 세워져 있었으나 1970년대 중반 국립공원에서의 무허가 건축물 철거 조치에 의해 대부분이 없어졌다.

무속과 관련해서는 1980년대 중반 존자암 인근 계곡 등에는 천막을 치고 기도하는 이들이 많게는 30~40명씩 기거하고 있었으나 이 역시 모두 철거됐다. 단속이 심해지자 기도를 위해 밤중에 몰래 영실 분화구 등을 찾는 이들도 종종 발견된다. 이들은 관리사무소 직원들이 없는 1,100고지 휴게소에서 길도 없는 영실까지 가로질러 이동한다.

이와 관련하여 필자는 머리칼이 곤두설 정도로 깜짝 놀란 적이 있었다. 실제로 2000년대 초반 취재를 위해 야간에 영실 등산로를 혼자 걷다가 50미터 전방에 하얀 소복을 입고 걸어가는 할머니를 보고 기겁을 한 적도 있었다. 또 분화구 안에서 불이 깜박거려 유심히 살펴보다가 기도하는 이들의 촛불임을 알고 안도했던 경우도 부지기수다.

현재 한라산에서는 등산로를 제외한 모든 구역이 출입금지 구역이다. 제주도 자치경찰단에서 주로 단속에 나서는데, 출입금지 구역에 출입하다 적발될 경우 과태료 처분을 받게 된다. 때문에 기도하는 이들은 야간에 은밀하게 움직이거나 공원 경계지역 등에서 기도생활을 하는데 대표적인 곳이 법정사 인근을 비롯해 선돌마을, 남국선원, 아흔아홉골, 교래리 주변 등이다.

어리목 입구 한밝교 주변 토굴 앞에 가면 이도사물이라는 곳도 있다. 이도사란 분이 수행을 했던 장소. 이처럼 한라산 주변 많은 곳에 이와 관련된 이야기들이 전해지는데, 필자는 계곡에서 20년을 생활해 왔다는 신앙인을 만난 적도 있다. 모두들 한라산을 신성시해서 찾아온 이들이다.

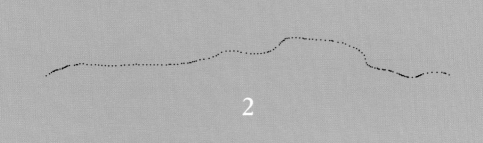

2

오름과 한라산.

한라산의 경계

제주에서 한라산과 제주도를 구분한다는 것만큼 무의미한 일은 없다. 모두들 한라산이 곧 제주도이고 제주도가 곧 한라산이라는데 아무런 이의를 달지 않기 때문이다. 그럼에도 불구하고 요즘 많은 사람들이 한라산에 등산했다고 구분하여 말한다. 왜 이런 현상이 나타나는 것일까.

제주도와 한라산의 구분이 시작된 것은 1970년부터의 일이다. 정확히 말하면 국립공원 지정으로부터 비롯됐다고 하는 것이 맞는 말이다. 한라산은 1970년 3월 16일 우리나라에서는 일곱 번째로 국립공원으로 지정됐다. 지정에 앞서 1969년 9월 건설부는 국립공원위원회의 1차 심의를 거쳤는데 당시의 공원구역은 동쪽은 5·16도로 외곽 500고지 이상과 서쪽은 제2횡단도로 1100고지에서 서귀포 돈내코 상류를 거쳐 수악교간, 북쪽은 어승생에서 관음사, 물장올을 거쳐 5·16도로 600고지 이상으로 총 133제곱킬로미터가 해당된다.

국립공원 지정 이후 관음사와 천왕사, 아흔아홉골 공원묘지 등이 공원구역에서 빠지고 산남의 일부가 새롭게 편입되는 등의 과정을 거쳐 현재는 총면적이 153.332제곱킬로미터이고, 이를 용도지구별로 보면 공원자연보존지구 89.060제곱킬로미터, 공원자연환경지구 64.272제곱킬로미터 등이다.

한라산국립공원이 우리나라 여타의 국립공원과 다른 점은 취락지구가 없다는 것이다. 육지부의 국립공원을 보면 취락지구를 중심으로 상업행위가 이뤄지는데 반해 한라산국립공원에서 탐방안내소와 마주한 매점을 제외하고는 장사를 하는 곳은 없다. 취락지구가 없다는 것은 이해당사자가 많지 않다는 얘기로, 관리라는 측면에서 많은 장점이 있다.

얼마 전 정부에서 비무장지대 일대를 유네스코 생물권보전지역으로 신청했으나 철원지역 주민들의 집단반발로 무산된 경우나, 자연유산 잠정목록에 올라 있는 설악산 천연보호구역이 1999년 세계자연유산으로 등재하려 했으나 개발제한 등을 우려한 지역주민들의 반대에 부딪혀 무산된 사례와 비교되는 얘기다.

흔히들 국립공원의 관리를 이야기할 때 옐로우스톤 방식이라 불리는 미국식이냐, 아니면 유럽식이냐로 구분한다. 미국의 경우 인구밀도가 매우 낮은 산악지역이나 사막 등 특수한 지역을 보호구역으로 지정, 관리하는 것으로 지역사회와의 갈등이 크게 표출되지 않는데 반해, 유럽 국가들의 경우 현지 주민들의 경제활동과 중복되는 평야지대나 연안지역이 대부분으로 생태계 보호와 지역사회의 발전을 함께 고려하는 방향으로 관리의 기준이 바뀐 것이다. 한라산국립공원의 경우 옐로우스톤 방식으로 관리를 하더라도 전혀 문제가 없다. 차제에 활용 위주가 아닌 보호 위주의 더욱 강력한 보호정책을 펼 필요가 있다.

한편 우리가 흔히 산에 오른다고 이야기하는 한라산 구역은 국립공원으로 구획된 지역만이 있는 것은 아니다. 바로 한라산천연보호구역과 더불어 생물권보전지역, 세계자연유산의 핵심지역으로 구분하여 이야기하기도 한다.

한라산은 1966년 6월 22일 문교부에 의해 해발 700-1,000미터 이상과 일부 계곡에 대해 천연보호구역으로 가지정된다. 문교부가 가지정을 서둘러 취한 것은 관광도로 개설 계획과 수종 갱신사업을 벌이며 한라산을 훼손하는 것을 방지하기 위한 조치였다. 가지정 직후 제주도를 찾은 이민재 문화재위원은 "제주도 당국의 한라산 관광도로 개설 계획을 반대하지 않으나 문화재위원회와 협의 없이 시행할 경우에는 실력 투쟁도 불사하겠다"라고 강력히 밝히기도 했다.

가지정 후 제주도와 일부에서 개발사업과 상충되니 재조명돼야 한다는 의견도 있었으나 문교부가 강행, 결국 한라산천연보호구역은 1966년 10월 12일 천연기념물 제182호 한라산천연보호구역으로 지정되는데, 이들 천연보호구역은 백록담을 중심으로 사면에 따라 해발 600-1,300미터 이상의 구역으로, 그 면적이 9만 1,654제곱킬로미터에 이른다.

문화재위원들은 이후에도 수많은 개발계획을 온몸으로 막아낸다. 대표적인 사례로 1967년 4월 문교부는 한라산에서의 사업허가 신청과 관련 수자원 개발

태초부터 수많은 생명을 품어 안아 온 제주인의 어머니산, 한라산이 구름 위로 신비로운 자태를 드러내고 있다.

사업만 인정하고 임상을 파괴하는 모든 일체의 사업을 금지시킨다. 특히 성판악에서 진달래밭대피소에 이르는 차도 개설의 경우 한라산의 가치를 상실시키고, 케이블카 시설은 천연보호구역을 유원지화하는 결과를 초래한다며 제동을 걸었다. 1968년에는 교통부가 케이블카 설치를 허가한다는 소식이 전해지자 문화재위원회 제2분과 위원회 위원들이 총사퇴를 내걸고 허가 철회를 요구하기도 했다.

그런 과정이 있었기에 오늘날의 한라산이 우리에게 전해진 것이다. 지금 시점에서 보면 무척이나 다행스런 일이 아닐 수 없다. 만약에 당시의 개발대로 진달래밭대피소까지의 도로 개설, 백록담과 사라오름에의 호텔 건설, 케이블카 설치 등이 실제로 진행됐었다면 유네스코의 생물권보전지역, 세계자연유산, 세계지질공원이 가능했을까 하는 의문이다. 지속가능한 관광개발이란 이런 것이다. 미래의 관점에서 되돌아보는 지혜가 필요하다.

한편 유네스코의 생물권보전지역은 2002년 지정됐다. 한라산의 경우 육상 핵심지역으로 백록담을 중심으로 대략 표고 100미터 이상 지역 1만 5,029헥타르, 완충지역은 600-1,000미터 국유림 지대 1만 3,730헥타르, 전이지역은 200-600미터 중산간지역 5만 1,915헥타르가 이에 해당한다. 이외에 효돈천과 영천, 서귀포의 앞바다의 문섬, 범섬, 섶섬이 핵심지역이다.

성산일출봉에서 바라본 한라산.

2007년 등재된 세계자연유산은 정상을 중심으로 동서방향 14.4킬로미터, 남북방향 9.8킬로미터, 해발고도는 800-1,300미터 지역으로 면적은 9,033헥타르이다. 다시 말해 한라산의 경우 생물권보전지역의 핵심지역인 국립공원보다 약간 작은 천연보호구역이 세계유산지구로 지정되어 있다고 보면 된다.

이처럼 오늘날 한라산이라 표현하는 구역은 그 기준이 무엇이냐에 따라 약간의 차이를 보인다. 보통의 경우 국립공원 구역을 한라산이라 지칭하지만 개발의 측면에서 보면 천연보호구역이 더 중요한 요인이 된다. 한라산에 케이블카를 설치하려고 할 때도 기준선은 천연보호구역에 얼마나 저촉되느냐의 문제였다.

어쨌거나 1970년 이후 국립공원구역을 일반적으로 한라산이라 지칭하지만 이 또한 인간이 편의에 의해 구분한 경계일 뿐이다. 생태계를 보면 쉽게 알 수 있다. 보호구역이라 하여 특별한 식생이, 그리고 그 경계 밖이라 하여 다른 식물이 자라는 게 아니다. 동물 또한 마찬가지다. 보호구역 경계에 울타리를 친다고 인위적으로 나눠지는 게 아니라는 얘기다.

최근 논란이 되고 있는 강정 해군기지 건설의 사례를 보자. 해당지역이 생물권보전지역이냐를 놓고 논쟁이 됐었는데, 중요한 것은 단순하게 해당 섬 자체가 아닌 섬 주변의 다양한 바다 생태계와 어우러져 지정됐다는 것이다. 연산호 군락을 비롯한 해저 생태계가 인간들이 그어 놓은 경계 안에서만 서식할까?

우리의 조상들은 한라산을 신선이 사는 곳, 신의 영역이라 여겨 늘 경외감을 갖고 바라보았다. 그리고는 모두들 자신이 한라산 자락에서 태어나 그 품안에서 살아간다고 여긴다. 제주도민들에게 한라산은 그런 산이다. 오죽했으면 '어머니 산, 한라'라 부르겠는가.

산과 오름

제주도관광학회에서 관광관련 전문가집단과 관광객을 대상으로 제주에서 유망한 레저스포츠를 꼽는 설문조사를 한 결과 육상 레저에서는 한라산 등반과 오름 답사가 꼽힌 바 있다. 요즘은 올레길 걷기가 활성화돼 또 다른 결과가 나올지 모르지만, 당시 조사에 참여했던 연구진들은 MTB 등 장비를 이용한 레저가 우선순위에서 밀리는 것을 보고 당혹해 했던 것으로 기억된다. 그만큼 제주관광에 있어서는 자연 그대로를 즐기려는 경향을 보여준다.

제주에서의 오름 답사는 한때 유행처럼 번지다 어느 순간 사람들의 관심에서 멀어진 양상을 보여왔다. 사람들이 제주의 오름에 관심을 갖게 된 계기는 오름 나그네라 불리는 김종철 선생과 직접적인 관련이 있다.

김종철 선생은 한라산을 1천 회 이상 등반하며 산과 더불어 살아온 산악인으로, 제주도 전역의 오름 330여 곳을 직접 발로 조사하고 기록한 『오름 나그네 1,2,3』권을 펴내 수천 년 말없이 제주인과 애환을 함께해 온 오름에 생명을 불어넣은 사람이다. 2005년 책이 출간된 이후 수많은 오름 관련책자와 인터넷 사이트, 수많은 오름동호회가 만들어지는 계기가 됐다.

이보다 앞서 그는 1961년 창립된 제주적십자산악안전대 대장을 8년간 맡아 우리나라 최초의 민간산악구조대를 반석 위에 올려놓았고, 1964년 제주 최초의 산악회인 제주산악회의 창립회원으로 참여했지만 끝내 그 어떤 직책도 맡지 않을 정도로 철저하게 자신을 드러내지 않던 사람이다.

그렇다면 오름이란 무엇을 말하는가. 지질학계에서 말하는 제주의 오름은 한라산 정상의 백록담을 제외한 한라산 자락에 분포하는 소화산체를 말하는데, 화도가 지표에 닿는 부분 즉 화구가 있는 화산 분출물에 의해 형성된 독립화산체를 이른다. 예전에는 자화산, 또는 기생화산이라 부르기도 했으나 요즘에는 오름이라 통일해 부르고 있다.

오름이라는 용어와 관련해서는 오르다의 명사형이라는 견해가 우세한데 음과 관련해서는 『남사록』 『탐라지』 등 옛 문헌에서 악(岳)을 오롬(吾老音), 오름/오롬(兀音)이라 한다는 표현이 보인다. 즉 지역 주민들은 원래 오름 또는 오롬이라 불러왔는데, 19세기 무렵부터 한자로 표기하면서 악(岳), 봉(峰, 奉) 등으로 바뀐 것으로 추정되고 있다.

오늘날 오름을 표기하는 접미사들을 보면 오름, 악, 봉, 미, 메 등이 있는데, 많은 이들이 궁금하게 여기는 부분이 그 기준이 무엇이냐는 것이다. 간혹 한라산이나 오름과 관련된 해설사들의 이야기를 들어 보면 오름의 크기, 즉 비고나 면적을 갖고 구분한다는 이들도 있지만 한마디로 결론을 이야기한다면 그 구분이 없다는 것이다. 다만 일출봉 등봉이라 불리는 곳은 예전에 봉수대가 있던 곳이라는 정도다.

무덤을 품고 있는 용눈이오름.

현재 산이라 불리는 대표적인 곳으로는 영주산, 산방산, 송악산, 군산, 단산, 궁산, 금산, 미악산, 고근산 등이 있고, 미로는 돌미, 비치미, 좌보미 등이, 메로는 왕이메, 바리메 등이, 그리고 악으로는 고이악, 넉시악, 녹하지악, 논고악, 모라이악, 부소악, 부대악, 어점이악 등등이 있다.

참고로 예전에 제주에서는 5대산이라 불리던 곳이 있었는데, 한라산, 영주산, 산방산, 청산(성산일출봉), 두럭산을 말한다. 성산일출봉은 예전에 나무가 우거져 청산이라 불렸고, 두럭산의 경우는 오름이 아니라 김녕리 바닷가에 위치한 자그마한 암반에 불과하다.

바닷가의 암반을 5대산이라 칭하는 이유는 한라산이 영산(靈山)이어서 운이 트이면 훗날 제주에서 세상을 구할 장수가 나오는데, 이 바위가 장수가 탈 용마(龍馬)로 변한다는 전설이 있기 때문이다. 이와는 별개로 한라산을 만들었다는 여신 설문대할망이 한라산과 성산에 두발을 딛고 앉아 빨래를 할 때 이 두럭산을 빨래판으로 삼았다는 설화가 전해지기도 한다. 김녕과 월정 경계지역에 해당하는 속칭 덩개 해안에 위치하고 있는데, 매년 물이 빠지는 간조 시기인 음력 3월 15일 무렵 파도 사이로 산의 일부가 살짝 드러난다고 한다.

성산일출봉 이야기가 나왔으니 이와 관련된 이야기 하나. 세계자연유산, 세계지질공원으로 등재된 성산일출봉은 2013년 기준으로 내국인 180만, 외국인 137만명 등 모두 318만 명이 방문하는 등 제주 최고의 관광지이지만 불과 70여 년 전만 하더라도 성산은 섬이었다.

성산리와 고성리 사이 좁다란 육계사주가 있는데, 그곳 지명이 터진목이다. 예전에는 이곳에 간조와 만조의 차이에 의하여 마을 입구가 열리고 닫히던 개간식 자연 수문이 있었는데, 40년대 초에 행정당국의 지원과 주민의 노력에 의하여 돌과 콘크리트로 메워 도로를 개설한 것이다. 도로가 개설되기 전에는 육지와 간신히 이어져 있는 목이었다 하여 터진목이라 불린다.

어쨌거나 요즘 제주의 오름은 수많은 이들에게 각광받는 대상으로 급부상하고 있다. 특히 사진갤러리 두모악을 만든 사진가 고 김영갑의 영향으로 전국에서 수많은 사진작가들이 사진작품을 만들기 위해 오름을 찾는다. 하지만 상당수의 작가들이 오름의 진면목을 보지 못하는 것 같아 안타까움이 들 때가 있다. 선

다랑쉬오름. 주변에 수많은 둔덕이 초원 위에 펼쳐져 있다.

과 더불어 어우러지는 볼륨, 즉 부피감을 살리지 못하고 있다. 아니 그보다는 오름을 단순히 아름다움의 대상으로만 바라보는 것이 더 큰 문제인지도 모르겠다. 예로부터 제주 사람들은 오름에서 태어나 오름에서 생활하다 끝내는 오름으로 돌아간다고 할 정도였다. 수많은 오름을 오르다 보면 그 자락의 산담으로 둘러싸인 무덤 군락을 쉽게 접하게 된다. 그중에는 무덤 한두 기가 따로 있는가 하면 용눈이오름처럼 군락을 이루고 있는 곳도 많다.

이는 예전 많은 마을에서 오름에 마을 공동묘지를 조성한 까닭이기도 하거니와 비단 마을 공동묘지가 아니더라도 죽어서도 서로 어우러져 사는 제주 사람들의 내세관이 담겨 있다. 묘지 주변에 산담을 쌓는 이유는 살아 있는 이들이 사는 집과 마찬가지로 무덤도 죽은 이가 사는 집으로 여겼기 때문이다. 산담의 용도는 이밖에도 목장에 불을 놓을 경우 묘지로 번지지 않게 하는 목적, 방목 중인 목장의 소와 말이 들어가 무덤을 훼손하는 것을 방지하기 위한 것이다.

이처럼 많은 삶의 양식이 스며 있는 무덤임에도 불구하고 많은 사진 작품에서 무덤은 철저하게 배제되고 있다. 마치 관광지 제주를 이야기할 때 아름다운 제주의 풍경만을 말하고, 그 속에서 살아가는 사람들의 삶에 대해서는 관심을 갖

따라비오름 답사에 나선 관광객들.

제주 오름의 첫번째 특성은 능선의 곡선이다.

지 않는 것처럼 말이다.

과거의 오름 사진들을 보면 대부분이 나무 한 그루 없는 민둥산인 경우가 많다. 중산간 지역에 위치한 대부분의 오름은 지금도 그렇지만 과거에는 모두가 목장지대였다. 제주에서는 목장의 경우 매년 이른 봄에 불을 놓는 풍습이 있었다. 이를 방앳불을 놓는다고 표현하는데, 진드기 구제와 더불어 불에 타고 나면 그 다음 목초가 곱게 자라기 때문이다. 요즘 제주에서 개최되는 수많은 축제 중 가장 많은 예산이 투입되는 새별오름에서의 들불축제의 기원도 방앳불 놓는 풍습에서 시작된 것이다.

이처럼 섬사람들의 삶이 배어 있는 오름도 많은 변화를 겪고 있다. 중산간 일대의 목장들은 외지 자본에 팔려 나가 하나둘 골프장으로 변하고 있는 것이 대표적인 사례다. 심지어 오름에 오르려면 골프장을 가로질러야 하는 경우까지 발생한다. 제주 들녘의 대표적인 경관자원인 오름이 사유화되며 공공의 기능을 잃어 가고 있다. 이러다 나중에는 제주 사람들이 돌아갈 안식처마저 사라져 버릴지도 모르겠다. 오름에서 태어나 끝내는 오름으로 돌아간다는 제주 사람들의 영원한 안식처가 사라지고 있다.

한라산의 소나무 숲

2012년 제주도는 소나무 재선충 문제로 난리였다. 9월 2일 재선충과의 전쟁을 선포한 이후 연일 고사목 베어내기에 여념이 없었다. 보도에 의하면 11월 현재 제주지역 소나무 고사목이 17만 5천여 본, 내년 4월까지 5만 2천여 본이 더 고사할 것으로 전망되고 있다. 제주도는 연말까지 고사목 약 15만 그루를 제거할 계획이며, 나머지 7만여 그루는 2013년 2월 말까지, 추가 발생하거나 누락된 고사목은 4월 말까지 제거한다는 목표다. 이와는 별도로 각급 학교의 풍치림, 문화재보호구역, 마을 보호수, 노거수 등에 나무 주사를 실시할 계획이라고 한다.

그동안 공무원과 도민은 물론 특전사와 제주방어사령부 소속 군인 지원인력들이 방제작업에 대거 투입됐다. 이 과정에서 재선충에 걸린 소나무를 베어 내는 작업을 하다가 쓰러지는 나무에 깔려 주민이 사망하는 사고까지 발생했다. 잘라 내는 소나무를 보는 것도 그렇거니와 사망과 부상 등 피해가 속출하는 모습을 보면 안타깝기 그지없다.

소나무 재선충 문제와 관련해 초미의 관심은 보호수로 지정된 나무, 그리고 혹시 한라산으로 번지지 않을까 하는 것이다. 이미 산방굴사 앞 소나무는 재선충 피해를 입어 고사했기에 더더욱 그렇다. 이 소나무는 1701년 제작된 〈탐라순력도〉에도 등장하는 소나무다. 이 노송과 관련하여 전설이 있는데, 3백여 년전 사계리 사는 유명록(柳明錄)이라는 사람이 굴사 입구에 있는 장군석을 보호하기 위해 소나무 세 그루를 심었던 것이라는 얘기와 2백여 년전 사계리에 사는 이계홍이라는 사람이 마을에서 산방굴을 올려다볼 때마다 뚫어진 굴의 입구가 너무 허하여 소나무를 심었다는 이야기도 전해진다. 이제 이 소나무를 베어 내면 다

소나무 숲과 한라산.

시 굴이 시커멓게 드러날 텐데 어떻게 할 것인지도 고민해 볼 문제다.

제주에서 천연기념물로 지정 보호되는 소나무는 산천단의 곰솔군락과 애월읍 수산저수지 앞 소나무가 있다. 천연기념물 제160호 산천단 곰솔군락은 1964년 문화재로 지정됐는데, 이곳에는 곰솔 8그루가 있다. 이 곰솔들은 수령 5-6백 년 정도로 추정되며, 평균높이는 29.7미터, 평균둘레는 4.35미터다. 이곳은 예전에 한라산신제를 지냈던 곳으로, 마을사람들은 하늘의 신이 땅으로 내려오는 통로에 있는 나무라고 믿어 신성시 여겨 보호해 왔다.

천연기념물 제441호인 수산리 곰솔은 2004년 문화재로 지정됐다. 수산리 입구 수산봉 남쪽 저수지 옆에 위치하며 수고 12.5미터, 수관폭 24.5미터, 수령은 약 4백 년 정도로 추정된다. 이 곰솔은 마을의 수호목으로서 주민들이 적극 보호하는 등 문화적 가치가 매우 높고, 곰솔의 상부에 눈이 덮이면 마치 백곰이 저수지의 물을 마시는 모습을 연상시킨다.

소나무와 곰솔은 다른 종이다. 소나무는 껍질이 붉고 가지 끝에 붙은 눈의 색깔이 붉기 때문에 적송(赤松)이라 말하고, 바닷가보다는 내륙 지방에 주로 난다

관음사 등산로의 개미등 일대 소나무 숲은 나무의 자람이나 모양새, 형질, 선강도 면에서 목조 건축의 으뜸으로 치는 금강송에 못지않은 것으로 밝혀져 관심을 끌고 있다.

고 해서 육송(陸松)이라고 부르기도 한다. 곰솔은 소나무과로 잎이 솔잎보다 억세고, 소나무의 겨울눈은 붉은색인데 반해 곰솔은 회백색인 것이 특징이다. 바닷가를 따라 자라기 때문에 해송(海松)으로도 부르며, 또 줄기 껍질의 색이 소나무보다 검다고 해서 흑송(黑松)이라고도 한다. 바닷바람과 염분에 강하여 바닷가의 바람을 막아 주는 방풍림(防風林)이나 방조림(防潮林)으로 많이 심는다.

두 나무는 우리나라를 비롯해 일본과 중국의 일부 지역에만 자라는 아시아 동북부의 유용한 나무이다. 소나무는 우리나라에서 수평적으로 북부의 고원지대를 제외한 전 지역에 자란다. 내륙에서 볼 수 있는 소나무류는 거의 대부분 소나무라고 보면 된다. 그렇지만 곰솔은 우리나라에서 수평적으로 중부 이남의 바닷가 근처에만 자라는데, 서해 쪽에서는 황해도 이남, 동해 쪽에서는 경북과 강원도의 경계지역 이남의 바닷가 근처에서만 볼 수 있다.

한라산에는 소나무와 곰솔 두 종 모두 자란다. 일반적으로 곰솔은 해안지대에서 한라산 해발 800미터까지 분포하고, 소나무는 해발 800미터에서 1,500미터까지 분포한다. 그중에서도 해발 1,200미터 부근이 소나무가 군락을 이룬 곳이다.

소나무가 군락을 이룬 것과는 달리 곰솔인 경우는 산북지역에서 아주 드물게 분포한다.

한라산국립공원 내의 소나무 숲은 총면적은 여의도 면적의 1.5배에 달하는 13.2제곱킬로미터에 달하는 것으로 조사됐다. 이것은 한라산국립공원의 8.6퍼센트에 해당하는 것이다. 지난 2011년 국립산림과학원 난대산림연구소 유전자원연구팀이 조사한 결과다.

한라산의 소나무 숲은 크게 6개 권역으로 나뉘는데 돈내코 소나무 숲이 가장 넓고, 다음은 영실, 개미등, 성판악, 천백고지, 아흔아홉골의 순이다. 그 분포 양상을 보면 해발 1,000미터에서부터 1,400미터 사이에 전체의 80.5퍼센트가 분포하고 있다. 고도별로 보면 해발 630미터의 아흔아홉골 소나무 숲이 가장 낮은 지대고, 해발 1,500미터까지 형성되어 있는 개미등 소나무 숲이 가장 높은 지대의 소나무 숲인 것으로 밝혀졌다. 그중에서 한라산에서의 소나무 군락이라 하면 많은 이들이 영실의 적송 군락을 떠올릴 것이다. 영실 적송지대는 도로변이나 등산로에서 쉽게 볼 수 있기에 먼저 떠올리는 곳으로, 이곳은 2001년 산림청

영실의 적송지대.

에서 주관한 제2회 아름다운 숲 공모에서 '22세기를 위해 보전해야 할 아름다운 숲' 부문 우수상을 수상하며 그 진가를 보여주기도 했다.

많이 알려지지는 않았지만 아흔아홉골 천왕사 일대에서는, 천왕사 입구에서 석굴암에 이르는 탐방로에서 쉽게 볼 수 있다. 영실에서 보던 적송지대와 유사한 느낌을 갖게 되는 곳이다. 특히 이곳에서는 오랜 세월의 흔적을 과시하려는 듯 적송의 뿌리들이 땅 위로 얽힌 모습을 쉽게 볼 수 있다.

관음사 등산로의 개미등 일대 소나무 숲은 나무의 자람이나 모양새, 형질, 선 강도 면에서 목조건축의 으뜸으로 치는 금강송(金剛松) 숲에 못지않은 것으로 밝혀져 관심을 끌기도 했다. 그 내용을 보면 한라산 북사면 자락의 소나무는 자람 정도를 나타내는 1년 평균 재적생장량이 0.030세제곱미터로 삼척 활기 소나무림 0.036, 울진 소광천 0.036 등과 비슷했지만 줄기의 곧은 정도를 나타내는 통직성은 4.0으로 삼척의 2.9, 울진 소광천 3.5보다 높았다. 또 나무줄기의 모양을 나타내는 형상비도 1.26으로 삼척의 0.43, 울진 소광천의 1.13보다 높게 나타나는 등 형질면에서 삼척과 울진 등의 금강송에 버금가는 것으로 분석됐다.

소나무 숲을 이룬 관음사 등산로 개미등 일대는 좌우가 동탐라계곡과 서탐라계곡으로 나뉘어져 주변과는 계곡으로 단절돼 있는데 1960년대까지만 하더라도 산철쭉과 제주조릿대가 무성한 고산초원의 모습을 보이다가 소나무 숲으로 천이가 이뤄져 이들 소나무의 수령이 50년 내외로 추정되고 있다.

소나무 숲은 우리나라의 온대지역에서는 숲의 흥망성쇠를 가름하는 지표로 여겨 왔다. 필요하다면 저지대의 소나무 재선충이 한라산으로 번지지 못하도록 방어선을 구축하는 등 한라산의 소나무를 보호할 특단의 대책이 세워져야 한다. 재선충으로 베어낸 숲에 대체목을 심는 것도 중요하지만 그보다 우선적으로 해결해야 할 문제가 한라산의 소나무를 어떻게 지켜낼 것인가이다.

소나무 재선충 피해는 제주도내에서 소나무가 무려 105만 9천 그루 이상이 사라지는 등 전국에서 제주가 가장 심각한 상황이다. 연도별로는 지난 2004년 처음 재선충병이 발생한 이후 2006년까지 9,215그루, 2011년 9,984그루, 2012년 1만 8,261그루, 2013년에는 2백 배가 넘는 43만 1,852그루가 발생하는 등 계속 증가추세를 보이고 있다. 특히 2013년 고온현상과 90여 년만의 가뭄 등 기후의 영향으로 재선충이 걷잡을 수 없이 번졌다. 제주특별자치도 소나무 재선충병 방제대책본부에서 2015년 10월부터 시작되는 3차 방제기간에 제거해야 할 고사목 발생량을 정밀 조사한 결과에 따르면 모두 35만 그루로 확인되기도 했다.

세계 유일의 구상나무 숲

얼마 전 답사팀과 함께 찾은 한라산 윗세오름에서 일행과 이야기를 나누다 깜짝 놀란 적이 있다. 구상나무와 주목을 구분하지 못하는 것이었다. 여기에 비자나무까지 더해진다면 더더욱 헷갈릴 것이다. 구상나무와 주목, 비자나무 등은 같은 나자식물(겉씨식물)이다. 흔히 침엽수라 불리는 구과식물은 잎이 대부분이 바늘 모양을 하고 있다. 간혹 부채꼴, 깃처럼 생긴 소철 등도 있지만. 같은 나자식물문이지만 구상나무는 구과식물강의 소나무과이고, 주목과 비자나무는 주목강 주목과이다.

구상나무는 주목, 비자나무와는 달리 우리나라에만 자라는 한국 특산식물이다. 학명이 아비스 코리아나(Abies koreana)인 구상나무는 한자명으로 제주백회(濟州白檜), 일본명으로 한국전나무, 제주전나무를 의미하는 등 제주와 각별한 의미가 있는 나무다. 심지어 그 이름을 구상이라 한 것도 제주어의 '쿠살'에서 비롯된 것이라 전해진다. 쿠살이란 성게를 이르는 말로, 구상나무의 잎이 성게의 가시와 비슷하기 때문에 불리게 됐다는 것이다.

구상나무가 세상에 처음 알려진 것은 1907년이다. 당시 식물학자인 포리 신부와 제주 서귀포에서 포교활동을 하던 타케 신부가 한라산에서 함께 채집한 것이다. 당시 채집된 표본들을 여러 학자들에게 제공돼 제주도 식물 연구의 기초가 되었다. 이어 일본인 학자 나카이가 1913년 한라산에서 채집해 「제주도식물조사보고서」 등에 분비나무로 기재한다.

구상나무와 분비나무가 워낙 비슷해 같은 종으로 봤던 것이다. 소나무과의 전나무속에는 구상나무와 분비나무, 전나무가 있다. 전나무는 쉽게 구분이 되지만

한국 특산식물인 구상나무가 한라산 해발고도 1,200미터에서부터 1,800미터까지 603헥타르의 넓은 면적에 걸쳐 순림을 이루고 있다.

분비나무와는 식별이 쉽지 않다. 때문에 이후에도 구상나무를 분비나무의 지리적 변종, 구상나무와 분비나무의 잡종현상, 유전자 교합, 공통 조상이라는 등의 주장을 담은 연구결과물들이 발표되기도 한다.

이와 관련 한라산연구소가 조사한 자료에 의하면 구상나무는 나무의 형태가 넓은 피라미드형인 반면 분비나무는 좁은 피라미드형이라는 차이가 있다. 열매의 경우도 구상나무는 난형으로 끝이 둔하지만, 분비나무는 원통형으로 끝이 다소 뾰족한 형태라는 것이다. 한라산의 구상나무는 솔방울의 색깔에 따라 구분하여 부르기도 하는데, 구상나무와 푸른구상나무, 붉은구상나무, 검은구상나무 등이다.

구상나무가 분비나무와 다른 종임을 처음으로 밝혀내고 이를 명명한 학자는 윌슨이다. 미국 하버드대학 아놀드수목원의 한국산 식물조사에 참여한 윌슨은 1917년 제주도에서 구상나무를 채집한 후 분비나무와는 다른 종임을 밝혀 내고, 그 결과를 아놀드수목원 연구보고서에 발표한 것이다. 당시 한라산에서 윌슨이 채집한 구상나무 표본은 2점으로 그때 채집한 종자에서 발아한 구상나무가 현재 수목원에 전시되고 있다.

구상나무가 서양으로 퍼져 나가기 시작한 것도 이때부터이다. 식물사냥꾼이라는 별명까지 가졌던 윌슨이 한라산에서 구상나무를 채취해 가져간 것이다. 때문에 윌슨에게는 우리나라의 식물의 가치를 전 세계에 알린 업적에도 불구하고 우리의 소중한 자원을 수탈해 갔다는 부정적인 평가도 함께 뒤따른다. 어쨌거나 윌슨에 의해 서양으로 넘어간 구상나무는 미국과 유럽 등지에서 정원수로, 크리스마스 트리로 각광을 받으며 품종개량이 이뤄진다. 아놀드수목원에서 자라는 구상나무는 그 키가 20미터에 달할 정도로 한라산에서 자라는 구상나무와는 큰 차이를 보이고 있다. 요즘 나라마다 종(種)의 전쟁이라 하여 종다양성 보존과 종자개량사업에 심혈을 기울이는 것과 무관하지 않다.

현재 구상나무는 한라산을 비롯하여 덕유산, 무등산, 지리산 등지에서 자라고 있다. 그럼에도 불구하고 한라산의 구상나무가 주목받는 이유가 있다. 세계 최대 규모의 순림, 즉 숲을 형성하고 있다는 말이다. 다른 지역은 분비나무, 주목, 사스레나무 등과 같이 자라기 때문에 숲을 이룬 순림은 한라산이 유일하다. 특히나 구상나무는 전나무속 식물들 중에서는 세계에서 유일하게 남쪽지방에 분포 중심지가 있고 북쪽으로 갈수록 분포가 적어지는 특징을 띠고 있다는 것이다. 이 말은 구상나무의 분포지역을 볼 때 한라산이 중심지이고 북쪽, 즉 육지부의 덕유산, 무등산 등으로 갈수록 그 개체수가 적어진다는 얘기다.

한라산에서의 구상나무는 지역에 따라 해발 1,200미터에서부터 드물게 나타나고 숲은 1,300미터부터 나타난다. 전체 면적은 603헥타르에 걸쳐 분포하고 있는데 고도별로는 해발 1,600-1,700미터가 전체의 42퍼센트로 가장 많고 이어 1,500-1,600미터 30퍼센트, 1,700-1,800미터 14퍼센트 등의 순이다. 이렇게 볼 때 1,500-1,800미터가 전체의 86퍼센트인 526.9헥타르를 차지한다. 지역별로는 동쪽 사면에서 북쪽 사면, 즉 성판악 코스에서부터 관음사 코스에 이르는 구간에 넓은 면적의 순림을 이루고 있다.

한라산에 구상나무가 자라는 것과 관련하여 대부분의 고산식물이 그렇듯이 빙하기 동북아시아에서 한반도를 거쳐 제주도로 유입된 것으로 보고 있다. 구상나무 외에 백록담에서 자라는 돌매화나무와 시로미 등이 이에 해당한다. 이후 후빙기를 거치며 기온이 상승함에 따라 기후와 척박한 토질 등의 환경에 적응하며 피난처로 고산 및 아고산지대에 해당하는 한라산의 정상부에서 격리된 채 자라게 됐다는 것이다.

결국 기후의 영향과 더불어 섬으로 고립됐기 때문에 오늘날과 같은 구상나무 순림을 형성하게 됐다는 것인데, 반대로 기후의 영향으로 한라산의 구상나무는 앞으로 1백 년 이내, 즉 금세기 안에 멸종할지도 모른다는 우려의 목소리도 나온다. 최근의 지구온난화가 그 원인이다. 지구온난화가 지속될 경우 한라산의 고산식물들 상당수가 고사하거나 극히 일부만이 정상부로 이동, 멸종 위기에 처하게 된다는 얘기다. 제주에서 총회를 열기도 했던 세계자연보전연맹(IUCN)에서는 이미 1994년에 구상나무를 절멸 위기종으로 지정한 상태다.

예로부터 우리의 조상들은 구상나무를 이용해 테우를 만들었다. 테우는 통나무 10여 개를 엮어서 만드는 가장 원시적인 배로, 자리돔을 잡을 때 주로 이용한다. 예전에는 한라산의 구상나무를 잘라다 만들었는데, 일제강점기에 이를 금지

구상나무와 자주 혼동을 일으키는 주목의 열매.

구상나무 열매.

죽은 후에도 백 년 이상 남는다고 하는 구상나무 고사목.

시키자 숙대낭(삼나무)로 대체했다고 전해진다. 구상나무의 경우 한라산까지 가서 잘라낸 후 소나 말을 이용해 바닷가까지 끌어와야 하는 수고로움이 따르지만 삼나무와는 달리 물에 잘 뜨고 잘 썩지도 않아 최고의 재료로 인정받았다. 송진이 많기 때문인데 자리 석 섬(약 500리터 규모)을 실어도 거뜬했다고 전해진다.

　한라산 등산로를 걷다 보면 수많은 구상나무 고사목을 보게 된다. 흔히들 '살아 천 년 죽어 백 년'이라는 말로 구상나무 고사목의 아름다움을 표현하고 있는데 겨울철 눈꽃으로 치장한 구상나무 고사목은 절경이다. 실제 구상나무의 수명과 관련해서는 120년이라는 견해와 이보다 짧은 60~70년에 불과하다는 또 다른 연구보고가 있다. 어쨌거나 죽은 후에도 사랑을 받는다는 게 그리 쉬운 일이 아니기에 한편으로는 경외감마저 든다.

과거 빙하기에 한반도까지 내려와 분포역을 넓혔던 한대성 수종인 구상나무는 지구온난화의 영향으로 한라산에서의 분포면적이 갈수록 줄어들고 있다. 기후 변화에 의해 감소될 것으로 예측되는 기후 변화 지표종으로, 세계자연보전연맹에서는 멸종 위기종으로 분류하고 있다.

사라진 아름드리 나무들

매년 3월 21일은 유엔(UN)이 정한 '세계 산림의 날'이다. 유엔은 2011년 열린 제67차 총회를 통해 산림의 중요성에 대한 세계적 공감대 형성을 확산하기 위해 세계 산림의 날을 제정, 2012년부터 적용되고 있다. 이보다 앞서 1992년 브라질 리우에서 '지구를 건강하게, 미래를 풍요롭게'라는 슬로건 아래 개최된 지구정상회담에서 리우선언을 발표하는데 지속가능한 산림경영도 포함된다. 지속가능한 산림경영이란 산림의 생태적 건강성과 함께 산림자원을 장기적으로 유지하자는 것이다.

우리나라의 경우 1949년 대통령령으로 4월 5일을 식목일로 지정하여 운영해오고 있다. 식목일을 전후하여 1개월 동안을 국민식수기간으로 설정, 대대적으로 나무심기 행사를 벌이기도 했다. 하지만 요즘에는 지구온난화로 기온이 상승함에 따라 식목일을 3월로 옮겨야 한다는 의견이 많이 나오는 실정이다.

식목일 이야기가 나왔으니 한라산의 산림에 대해 얘기하고자 한다. 많은 이들이 한라산을 등산하고는 왜 한라산에는 아름드리 나무가 없냐고 묻곤 한다. 그렇다면 과거에도 없었을까. 여기에서 전제가 하나 있다. 어디까지가 한라산인가 하는 문제로 지금의 경우 많은 이들이 국립공원구역으로부터 한라산이라 여기는 데서 기인한다. 제주도 전체를 갖고 얘기해야 설명이 가능하다.

과거 한라산에 얼마나 많은 나무들이 있었는지를 짐작할 수 있는 기록을 살펴보자. 얼마나 잘려 나갔는지를 보여주는 기록들이다. 먼저 고려시대의 일로 삼별초의 항쟁 이후 몽골은 일본 정벌에 나서며 배를 건조하기 위해 한라산의 나무들을 대대적으로 잘라냈다. 이후 조선시대에도 선박 건조와 건물의 신축을 위

제주시 도평동의 곰솔. 묘지 옆에 있기에 잘려 나가지 않고 살아남았다.

해 많은 나무를 잘라냈는데 기록에 의하면 나무 벌채에 고역이 심하므로 세금을 면제해 주어야 한다는 이야기도 나온다.

고려시대의 기록을 보자. 한라산에서의 벌채와 관련된 기록은 맨 처음이 고려 문종 12년(1058)으로 "왕이 탐라와 영암에서 목재를 베어 큰 배를 만들고 장차 송나라와 통상하고자 했다"고 『고려사』와 『고려사절요』 등에서는 전한다. 당시 기록에는 이미 전년도 가을에 재목을 벌채한 후 바다를 건너 육지부의 사찰 창건에 사용됐다는 내용도 언급된다.

이어 원종 9년(1268) 몽골이 고려에 보낸 조서에 보면 고려가 배 1천 척을 건조했다고 돼 있는데 "만약 탐라가 조선역(造船役)에 참여하였으면 번거롭게 할 필요가 없지만 만약 참여하지 않았다면 별도로 배 1백 척을 만들게 하라"고 지시한 부분이 나온다. 그리고 원종 15년(1274) 대선 3백 척을 전라와 탐라 두 곳에서 건조하라 하였는데, 그 전년에도 전함을 만들면서 백성들이 동원돼 농사를 제때 짓지 못한다는 내용도 있다.

충렬왕 6년(1280)에는 칙명으로 3천 척의 배를 만드는데 탐라에서 재목을 징발하여 공급하라고 지시하기도 했다. 또 충렬왕 7년(1281)에는 칙명으로 탐라에서 배를 만드는 일을 홍다구에게 지시한 기록이, 충렬왕 9년(1283)에는 탐라에서 향장목(香樟木)을 구해 간 일이, 충렬왕 11년(1285)에 탐라에서 일본 정벌용으로 만든 배 1백 척을 고려에 주었다는 기록도 있다.

조선시대에는 어땠을까. 예종 원년(1469)의 기록에 "이 산에서 생산되는 것은 안식향, 이년목, 비자, 산유자 등의 나무와 선박의 재료 같은 것인데 근래에 산 근처에 사는 무식한 무리들이 이득만을 좇아 다투어 나무를 베고 개간하여 밭을 만드니 거의 헐벗었습니다. 지금부터 나무를 베고 새로 개간하는 것을 금하십시오"라는 대목이 나온다. 밭으로 일구기 위해 나무를 베고 불을 놓는 화전 행위의 문제점을 지적한 것이다.

그렇다면 한라산의 울창한 삼림은 언제까지 지속됐을까. 1905년 제주도를 방문, 10여 일간 머물며 살핀 내용을 『조선의 보고 제주도 안내』라는 책으로 엮은 아오야기 츠나타로오는 "한라산의 남면에는 떡갈나무, 메밀잣밤나무 등의 노목대수(老木大樹)가 울창하여 대낮에도 어두운 산림을 이룬다. 일반 도민이 사용하는 연료는 물론 공예자가 필요로 하는 빗, 뗏목 그 밖의 재료는 모두 이 산림에서 벌채되며 그 수목은 거의 무진장이라 할 만큼 많다"고 소개하고 있다. 그리고는 당시 조선에 체류하던 일본인이 한라산 삼림벌채권을 얻으려고 했으나 성사되지 않았다는 사례도 언급하고 있다.

1935년 여름 제주를 처음 찾은 후 같은 해 12월 적설기 한라산 등반에 나섰던 이즈미 세이이치도 한라산의 삼림에 대해 노인에게 전해 들은 이야기를 전하고 있는데, 1900년경에는 상록활엽수가 해안선까지 뻗어 있었다고 한다. 산야의 식물대에 대해서는 화전, 목장을 위하여 근년에 소각이 이뤄져 많이 훼손됐음도 밝히고 있다.

한라산의 산림은 일제강점기 급속도로 훼손 행위가 자행된다. 당시 일제는 제주에 영림서를 설치해 1915년부터 1930년까지 한라산의 원시림 수백만 본을 벌목 처분한 것으로 나타나는데 한라산 남북에 사업구를 설치, 일본인 관료를 책임자로 둬 조직적으로 벌채했다. 북사업구의 경우 제1임반에서 제19임반으로, 남사업구에는 제1임반에서 제22임반으로 구분하고 임반마다 40-50개의 소반으

1990년대까지만 하더라도 한라산에서 표고 재배를 위해 수많은 나무를 잘라 냈다.

한라산 수림.

로 나눠 벌채에 나서게 된다.

　하지만 정작 한라산에서 가장 큰 훼손 원인으로 꼽히는 것은 바로 표고 재배장으로 바뀌었다는 것이다. 한라산에서의 표고 재배는 1906년 이요(伊豫) 사람 후지타(藤田寬二郞) 등이 동영사(東瀛社)를 조직해 처음 시작한 것으로 알려지고 있다. 오죽했으면 슈우게츠는 그의 책에서 "한라산 일대가 모두 표고밭으로 바뀐 느낌"이라 적고 있다. 한라산에서의 벌채는 이후 1990년대까지 계속되며 막대한 삼림이 훼손되는 결과를 낳았다.

　이상의 기록이 한라산의 울창한 삼림에 대한 것이라면, 아름드리 나무의 존재를 느낄 수 있는 부분이 남방애다. 남방애는 나무로 만든 방아를 말하는데 통나무를 잘라 커다란 홈을 파고, 그 가운데 돌확을 고정시켜 곡물을 도정하는 기구다. 제주민속자료 제5호로 지정된 제주대학교박물관 소장 남방애의 경우 그 규모가 직경 80-150센티미터, 높이 50-70센티미터에 이른다. 제작 시기는 조선시대다.

　남방애는 아름드리 통나무를 잘라내서 세로로 자른 후, 사발 모양으로 만들고 다시 밑바닥 가운데 둥그렇게 구멍을 내는 형태로 재료는 굴무기라 불리는 느티나무, 사오기라 불리는 벚나무가 많이 이용됐다. 앞서 제주대학교박물관의 남방애를 보면 어느 정도 규모의 나무가 필요한지는 쉽게 짐작할 수 있다. 그만큼 거대한 나무들이 있었다는 얘기다. 특히 요섯콜방애라 불리는 거대한 규모의 남방애를 보면 제주에 큰 느티나무가 있었다는 것을 알 수 있다.

지금 농촌지역에 가면 노거수의 대부분이 팽나무인데, 이는 제주도의 경우 팽나무보다 더 질이 좋고 단단한 재목들이 많았기 때문에 잘려 나가지 않은 것으로 보고 있다. 가구재나 건축재로 많이 애용됐던 나무는 곰솔을 비롯하여 산벚나무, 느티나무, 구실잣밤나무, 조록나무 등이다.

2003년 6월, 한라산 해발 700고지에 위치한 산세미오름 서쪽 자락에서 발견된 곰솔의 경우 밑동 둘레가 3미터 50센티미터, 키 20미터 규모의 아름드리 나무인데 사람들의 접근이 쉽지 않은 곳이기에 남은 것으로 추정된다. 어쨌거나 과거의 기록과 현재 남아 있는 가구 등을 보면 과거 한라산 자락에는 울창한 삼림과 아름드리 나무들이 많았다는 사실을 느끼게 해 준다.

제주조릿대

얼마 전 한라산을 찾았다가 놀라운 장면을 봤다. 해발 9백 미터에서 1천 미터에 이르는 구간의 제주조릿대가 잎사귀는 없고 가지만 앙상하게 말라 가고 있었던 것이다. 원인은 편서풍을 타고 중국에서 넘어온 것으로 알려진 멸강나방 유충. 강한 번식력으로 '강토를 멸망시켰다' 해서 불리게 된 이름이란다. 멸강나방은 무리지어 다니는 특성으로 인해 지나간 자리의 풀이 모두 누렇게 변할 정도로 심각한 피해를 준다고 한다. 주로 벼과 식물에 폐해를 주는 것으로 알려져 있는데 어쩌다 한라산까지 번진 것이다. 이 모습을 보면서 일행 중 한사람이 제주조릿대에만 영향을 준다면 차라리 다행 아니냐고 한다.

엄청난 면적의 피해가 발생했는 데도 이를 지켜보는 사람들이 걱정하지 않는 대상으로 전락해 버린 제주조릿대. 예전에 줄기로 조리를 만들어 조릿대라 불리게 됐다고 전해지는데, 산에 자라는 대나무라 하여 산죽, 고대 등으로도 불린다. 한라산에서 자라는 제주조릿대는 한국 특산종이다. 육지부의 조릿대, 울릉도의 섬조릿대와는 다른 종이라는 얘기다. 가지가 갈라지지 않고 마디가 공처럼 둥글며 털이 없는 것이 다르다. 그런데 천덕꾸러기로 전락했다.

하지만 예전에는 흉년이 들어 먹을 것이 없는 이 땅의 백성들에게 일용할 양식을 만들어 줬던 고마운 식물이다. 『조선왕조실록』을 보자. 숙종 3년(1723) 7월 4일자 기록이다. "제주 대나무에 열매가 생겼다. 한라산에는 예전에 분죽(粉竹)이 있어서 숲을 이루었는데, 잎은 크고 줄기는 뾰족하여 노죽(蘆竹, 갈대)이라고 한다. 예로부터 열매가 없는 것인데 4월 이후 온 산의 대나무에 홀연히 열매가 맺혔는데 모양은 구맥(瞿麥) 같았다. 이때 본도 삼읍이 극심한 가뭄으로 올해 보리가 여물지 못하여 백성들이 굶주림으로 허덕이고 있는데 이에 이르러 따다가 전죽(범벅과 죽)을 만들어 먹고 살아남은 자가 많다고 도신(道臣)이 아뢰었다"라고 쓰여 있다. 당시는 계속되는 대기근으로 조정에서 곡식을 보내 제주 백성들을 먹여 살리던 때였다.

『조선왕조실록』에는 예전 제주에 계속되는 기근으로 아사자가 속출했다는 기록이 종종 나온다. 조정에서 회의를 거쳐 팔도의 구휼미를 지원했다는 기록과 함께. 하지만 육지에서 곡식이 제주까지 운반되기에는 많은 시간이 소요된다. 해서 먹을 것이 없는 백성들은 산으로, 바다로 먹을 것을 찾아 나서야만 했다. 이때 한라산에서 먹을거리로 전해지는 것이 조릿대의 열매와 더불어 송덕수라 불리는 어리목 등산로의 물참나무 도토리였다.

많은 이들이 궁금하게 여기는 것은 제주조릿대가 열매를 맺으려면 먼저 꽃이 피어야 하는데, 제주조릿대의 꽃을 대부분의 사람들이 보지 못했다는 것이다. 누구보다도 많이 한라산을 찾았다고 자부하는 필자의 경우 이제까지 단 두 차례 조릿대 꽃을 봤다. 그만큼 보기 힘들다. 60년을 주기로 꽃을 피운다는 이야기가 전해지지만 확인된 얘기는 아니다. 한 번 꽃을 피운 후에는 보리처럼 생긴 열매

제주조릿대로 뒤덮인 한라산 중턱. 구상나무 숲을 제외하고는 온통 제주조릿대뿐이다.

제주조릿대의 꽃과 열매.

최근 멸강나방 유충의 피해로 누렇게 변한 제주조릿대 군락.

가 달리고 이어 말라 죽는다고 한다.

많은 산악인들의 이야기를 종합하면 한라산에서 1963년에 대규모로 꽃을 피웠다고 한다. 1963년은 제주지방에 엄청난 폭설이 내려 인명과 재산피해가 컸던 해이다. 당시 신문기사를 보면 사망 14명, 실종 2명 등의 인명피해와 함께 가축피해로 소, 말, 돼지, 염소, 면양, 토끼 등이 떼죽음을 당했다. 이밖에 재산피해로는 성읍과 상창, 색달, 영남마을 등에서 수많은 가옥이 매몰 등의 피해를 입었다. 이러한 기상이변 후에 제주조릿대가 꽃을 피운 것이다. 60년 주기설보다는 기상이변으로 생존에 위협을 느낀 조릿대가 씨앗을 통한 번식을 위해 꽃을 피운게 아니냐는 주장이 나오는 이유다.

어쨌거나 당시 한라산에서 제주조릿대가 일제히 꽃을 피운 후 대부분이 말라죽었다. 그런데 50년이 지난 지금 지금 한라산의 식생을 이야기할 다시 문제점으로 지적되는 것이 제주조릿대의 급속한 증가에 따른 종다양성의 훼손이다. 지난 2005년 당시 한라산국립공원 관리사무소에서 추정하는 제주조릿대의 분포 면적은 해발 500미터에서부터 1,900미터에 걸쳐 244.6제곱킬로미터이다. 지금은 그 범위가 더욱 확산돼 백록담 턱밑까지 다다랐다. 이런 추세가 계속되면 한라산 전체가 제주조릿대로 덮이며 철쭉과 진달래의 장관도 볼 수 없을뿐더러 시로미, 눈향나무, 한라솜다리 등도 사라질지도 모른다는 최악의 상황까지도 거론되고 있다. 실제로 등산로를 걷다 보면 조릿대에게 영역을 빼앗긴 시로미가 지표면이 아닌 바위 위로 밀려난 모습을 흔하게 볼 수 있다.

제주조릿대의 특성인 강한 근경 번식력과 큰 군락을 이루는 경향 등으로 일단 번지기 시작하면 제주조릿대만 남고 나머지 식물은 밀려나는 생태계의 교란으로 이어지고 있는 것이다. 뿌리로 번식하는 제주조릿대는 땅속을 뿌리로 빽빽하게 채워 다른 식물의 씨가 떨어져도 발아할 틈을 주지 않기 때문에 결국 종다양성이 급격하게 감소한다는 말이다.

제주조릿대의 급속한 증가 원인에 대해 지구온난화에 따른 이상고온 현상과 더불어 한라산에서의 방목 금지조치에 따른 폐해가 아니냐는 지적이 조심스럽게 제기된다. 한라산에서의 방목은 자연보호라는 이름으로 1988년을 기해 완전히 금지하는데 이후 1990년대 중반부터 제주조릿대가 기하급수적으로 확산됐다는 얘기다. 이와 관련 제주조릿대 군락지 시험포에 제주마를 방목한 결과 조릿대 잎사귀뿐만 아니라 대까지도 먹는 것으로 나타났다. 전혀 근거없는 얘기는 아니라는 말이다.

그렇다면 한라산에서 제주조릿대는 필요악인가. 이와 관련하여 최근의 사례는 시사하는 바가 크다. 제주조릿대가 화장품, 식품, 음료 등 기능성 제품의 원료로 각광받고 있다는 것인데, 제주대학교 조릿대 RIS사업단을 중심으로 바디로션, 핸드크림, 진액, 차, 음료 등 40여 종의 제품을 개발됐다고 한다. 심지어 제주조릿대 막걸리까지 개발, 시판되고 있다.

사실 조릿대는 예전부터 『본초동의보감』에 인삼을 훨씬 능가한다고 할 만큼 놀라운 약성을 지닌 약초로 소개된다. 북한의 『동의학사전』을 보자. "산죽에는 항암성분이 많으며 여러 가지 질병에 대한 치료효과도 좋다. 대과에 속하는 사철 푸른 작은 나무인 동백죽, 신의대, 제주조릿대, 조릿대의 잎을 말린 것이다.

조릿대는 우리나라 북부 일대와 황해남도 이남 지방에서, 신의대는 함경북도에서, 동백죽(얼룩대)은 남부지방에서, 제주조릿대는 제주도에서 자란다. 아무 때나 잎을 따서 그늘에서 말린다. 맛은 달고 성질은 차다. 열을 내리고 소변을 잘 누게 하며 폐기를 통하게 하고 출혈을 멈춘다. 항암작용, 항궤양작용, 소염작용, 진정작용, 진통작용, 위액산도를 높이는 작용, 동맥경화를 막는 작용, 강압작용, 혈당량 감소작용, 해독작용, 강장작용, 억균작용 등이 실험적으로 밝혀졌다. 발열, 폐옹, 부종, 배뇨장애, 여러 가지 원인으로 인한 출혈, 눈병, 화상, 부스럼, 무좀 등에 쓴다. 또한 악성 종양, 위 및 십이지장궤양, 만성 위염, 고혈압병, 동맥경화증, 당뇨병, 편도염, 감기, 간염, 폐렴, 천식 등에도 쓴다. 하루 8-10그램을 물로 달여 먹거나 마른 엑스를 만들어 한 번에 1-3그램씩 하루 세 번 먹는다. 외용약으로 쓸 때는 엑기스를 만들어 바른다"라고 적혀 있다. 한라산에서 급격하게 증가해 새로운 환경문제가 되고 있는 제주조릿대가 이 세상의 병든 사람을 구할 수 있는 약초라는 얘기다.

식물의 보고라 불리는 한라산의 아고산지대는 특산식물 25종을 비롯해 희귀식물이 집중서식하는 중요한 지역이다. 늦기 전에 제주조릿대로부터 다양한 식

조릿대를 피해 바위 위로 피신한 시로미.

생을 지켜낼 특단의 대책이 시급히 마련되어야 한다. 예전 한라산연구소에서 제주조릿대를 벌채한 후의 식생 변화를 조사한 결과 다른 식물의 개체수도 증가하는 경향을 보였다. 벌채해야 한다는 얘기다. 꽃이 필 때를 기다릴 게 아니라 실행에 옮기는 일이 남았다.

한라산에서의 조릿대 번식과 관련하여 환경부는 2016년 1월 한라산국립공원관리사무소에 보낸 공식문서를 통해 "장차 한라산이 조릿대공원이 되어 국립공원에서 제외되는 상황이 올 수 있으므로 제주도가 아주 심각하게 고민할 필요가 있다"라고 문제제기를 했다. 조릿대가 한라산국립공원 전역으로 확산되면서 생물종다양성을 위협하고 있다는 것이다. 한편 제주도는 2020년까지 5년간 11억 원을 투입해 한라산천연보호구역 내 제주조릿대 분포면적 산출, 연간 말 방목 및 벌채 후 제주조릿대 생육 특성과 하부 식생의 변화 등을 조사해 적정 관리방안을 도출할 방침이다.

왕벚나무

제주절물휴양림에서 올벚나무 20여 그루의 거목(巨木)들이 자생하는 군락지가 발견됐다고 한다. 이곳의 올벚나무 거목들은 직경이 약 50–95센티미터, 수고는 12–15미터 내외, 수간 폭 10–15미터 정도라 한다. 수령은 1백 년 이상으로 추정하고 있다.

참으로 오랜만에 보는 반가운 뉴스다. 한동안 제주도의 식생은 1,800여 종, 최근에는 2천여 종 가까이 된다고 표현한다. 그만큼 새로운 종이 속속들이 발견되고 있다는 얘기다. 하나의 종이 새롭게 발견되기까지는 얼마나 많은 노력이 필요한지는 두말할 나위가 없다. 그리고 그 한 종의 발견을 두고 경우에 따라서는 국가간 치열한 논쟁이 벌어지기도 한다.

올벚나무 이야기가 나왔으니 그 사촌 정도로 이해하면 될 왕벚나무의 사례를 보자. 모두가 알다시피 왕벚나무의 자생지는 한라산이다. 하지만 그 과정은 결코 단순하지가 않았다. 왕벚나무가 처음 학계에 보고된 것은 불과 1백여 년 전인 1908년이다.

1908년 4월 14일 한라산 해발 600미터, 관음사 부근에서 식물표본을 채집하던 타케 신부(1873–1952)가 꽃이 피어 있는 벚나무의 가지를 꺾어 자신의 채집 표본번호 4638번을 붙여 독일 베를린대학의 장미과 식물의 대가인 케네 박사에게 보낸 것이다. 케네 박사는 일본 에도에 있는 왕벚나무와 같은 종임을 확인한다. 1913년 일본의 고이즈미 박사는 일본 장미과의 모노그라프를 작성하면서 이를 근거로 삼고 있다.

1914년 하버드 대학의 월슨 교수가 일본을 방문해 마쓰무라 박사와 만나 왕벚나무의 소재를 묻고는 이즈의 오시마라는 대답을 듣고 현지를 찾았으나 왕벚나무는 없었다. 거기에 있던 벚나무는 오시마 벚나무였다. 이에 윌슨은 1916년 펴낸 『일본의 벚나무』라는 저서에서 오오시마 벚나무와 다른 지방 해안의 벚나무와의 잡종이 아니냐는 학설을 내놓게 된다. 이 학설로 말미암아 한국과 일본의 식물학자들 사이에 수십 년간의 논쟁이 시작된 것이다. 만약에 윌슨이 제주도에서 앞서 다케 신부가 발견한 왕벚나무를 보고 검정을 했다면 이후 왕벚나무와 관련 자생지 논란이나 잡종설이라는 논쟁은 발생하지도 않았을지 모를 일이다.

일본인들이 왕벚꽃에 대한 사랑은 대단하다. 심지어는 많은 수의 일본인들이 국화, 즉 나라의 꽃으로 여기고 있다고 한다. 실제 일본에는 법률로 지정된 국화는 없고, 벚꽃은 일본의 대표적 상징으로서 국민들로부터 사랑받고 있다.

1908년 한라산에서 왕벚나무가 발견되기 전까지 일본에서는 왕벚나무와 관련하여 도쿠가와 시대에 에도의 꽃집에서 팔기 시작했다고 알려질 뿐이었다. 하지만 일본의 어디에서도 자생 왕벚나무는 발견되지 않았다. 이에 1901년 일본 도쿄대학의 마츠무라 진조 교수는 왕벚나무를 기재하면서 일본 이즈의 오시마를 자생지라 주장하기도 했었다. 그런데 제주에서 왕벚나무가 발견됐던 것이다. 왕벚나무를 좋아하는 일본인들이 느꼈을 박탈감은 쉽게 상상이 간다. 일본의 학자들은 이를 뒤집으려고 일본 내에서 왕벚나무 자생지를 찾으려고 온갖 노력을 기울였으나 결국 찾지 못하자 나중에는 왕벚나무 잡종설을 퍼뜨리기도 했다.

한편 1928년 제주도에서 실시된 하계대학 강좌의 내용이 같은 해『문교의 조선』10월호에 실리는데 제주도의 식물과 장래의 문제라는 원고를 쓴 이시도야 츠토무는 왕벚나무와 관련하여 두 가지 의문을 제기하고 있다. 첫째 타케 신부가 채집한 표본이 야생 상태의 개체라고 한다면 왕벚나무는 훌륭한 뿌리를 가졌다고 말할 수 있다는 사실과 더불어 또 하나는 제주에서 일본으로 건너간 것이 아니라면 제주 이외의 지역에 같은 종이 서식하고 있을 것이라는 것이다. 해남 대둔산에서 왕벚나무 표본을 채집했으나, 표본이 불완전하기에 종의 검정을 할 수 없다는 내용까지 담고 있다. 이때까지도 왕벚나무의 자생지가 제주도라는 사실을 믿고 싶지 않았던 모양이다. 이후 1932년에 일본 교토대학 교수 고이츠미는 한라산 남면 해발 500미터 숲속에서 왕벚나무가 발견한다.

천연기념물 제159호로 지정
보호되고 있는 제주시 봉개
동의 왕벚나무.

왕벚나무와 관련된 한국과 일본 양국간의 자존심은 해방 이후에까지 계속돼 한때는 창경궁을 비롯해 우리나라 각처에 심어졌던 왕벚나무를 일본의 상징으로 여겨 베어 버리는 일이 벌어지기도 했다. 현재 우리나라에서 문화재로 지정 보호되고 있는 왕벚나무는 천연기념물 제156호인 신예리 왕벚나무, 159호인 봉개동 왕벚나무, 173호인 해난 대둔산 자락의 왕벚나무가 있다.

　우리나라에서 왕벚나무가 천연기념물로 지정된 때는 1965년이다. 하지만 그 과정에 등장하는 한 식물학자의 피나는 노력을 알아야 한다. 만장굴과 빌레못동굴 등을 발견한 부종휴 선생이다. 1962년 4월 그는 박만규 국립과학관장이 단장인 식물조사단에 참여해 수악 서남쪽 1킬로미터 지점에서 30년생 왕벚나무 1그루와 동남쪽 700미터 지점에서 두 그루를 발견하는 개가를 올린다. 이어 1963년 4월 물장올 부근에서 박만규 관장에 의해 추가로 발견된다. 다시 부종휴 선생은 1964년 횡단도로 남군과 북군 경계선 도로 동쪽 700고지 부근에서 높이 20미터, 밑둘레 1.2미터로 50-60년으로 추정되는 자생 왕벚나무를 발견한 것이다.

　그리고는 1990년대 후반 관음사 경내와 관음사야영장, 어승생악 등지에서 새로운 왕벚나무가 속속 발견되고, 유전자 검사 등을 통해 왕벚나무의 고향은 한

왕벚나무 열매인 버찌.

최근 새로운 벚나무 종들이 발견되고 있는 한라산 관음사야영장의 벚나무 군락.

라산이라는 사실을 증명해 내는 개가를 올렸다. 그중 관음사지구 야영장 주변의 숲은 왕벚나무의 자생지임과 동시에 여러 종류의 벚나무들이 군락을 이루며 자라는 곳으로 관심을 끄는 곳이다. 관음사 주변 숲에서 관음왕벚나무, 탐라왕벚나무 등 새로운 종이 추가로 발견된 것이다

현재 한라산에 분포하고 있는 자생 벚나무의 분류군을 보면 섬개벚나무, 한라벚나무, 벚나무, 잔털벚나무, 사옥, 이스라지나무, 탐라벚나무, 산개벚지나무, 귀룽나무, 올벚나무, 산벚나무, 왕벚나무, 관음왕벚나무 등이 있다.

제주에서는 1992년부터 매년 제주왕벚꽃축제를 개최하고 있다. 처음 왕벚꽃축제가 열렸던 제주시 전농로 마을에서는 축제의 개최장소가 제주종합경기장으로 옮겨가자 별도로 서사라문화거리축제를 개최하고 있다. 다른 한편으로는 1990년대 중반부터 한동안 새롭게 개설되는 도로마다 유행처럼 가로수로 왕벚나무를 심기도 했었다. 모두들 제주도가 왕벚나무의 고향임을 보여주자는 의도에서다.

모두가 자랑하는 왕벚나무의 고향 제주. 하지만 부끄러운 에피소드 하나 보

자. 필자는 지난 2002년 천연기념물로 지정 보호되고 있는 봉개동 왕벚나무 자생지를 찾았다가 보호수 세 그루 중 하나가 왕벚나무가 아닌 올벚나무임을 확인하여 기사화한 적이 있다. 30여 년간 엉뚱한 나무에 보호철책을 두르고 있었던 것이다. 앞서 소개한 부종휴 선생을 생각하면서 우리가 얼마나 그동안 무관심했던가를 생각해 볼 일이다. 차제에 예전에 발견된 나무들의 현상황은 어떤지, 한라산에 또 다른 개체수에 대해서도 조사해야 한다. 필요하다면 전수조사까지도 해야 할 것이다.

이야기가 옆길로 샌 김에 잠시 화제를 돌려 보자. 매년 기상 때문에 왕벚꽃축제의 개최 시기를 조정하느라 여간 고민이 아니다. 그렇다면 차라리 대규모의 부지에 제주에서 자생하는 벚나무 종류를 모두 심을 것을 제안하고 싶다. 그러면 각각의 개화 시기가 다르기에 전체적으로는 한 달가량 꽃을 볼 수도 있다. 축제 개최 시기를 고민할 필요 없고, 축제를 한 달 내내 진행할 수 있다면 이보다 좋은 일이 어디 있는가. 장담컨대 10년 후면 또 하나의 관광명소가 될 것이다. 관광자원화의 방법에는 여러 가지가 있다.

제주가 유일한 왕벚나무 자생지임을 증명하는 자생 왕벚나무는 이후에도 속속 발견된다. 2016년 5월 한라산 중턱인 제주시 봉개동 개오름 남동측 사면 해발 607미터에서 높이 15.5미터, 밑동둘레 4미터 49센티미터에 달하는, 지금까지 알려진 나무들 중 가장 크고 나이가 많은 왕벚나무가 발견됐다. 이 나무의 나뭇조각을 추출하여 분석한 결과 추정 수령은 265년으로 지금까지 알려진 나무들 중 최고령이다. 이보다 앞서 2015년에는 관음사지구의 왕벚나무를 '기준어미나무'로 선정, 명명식을 갖기도 했다. 이와 함께 제주에서 자생하는 우량 왕벚나무의 후계목을 집중 육성해 국내외에 보급하기로 했다.

그 많던 사슴은

많은 이들이 한라산이라 하면 먼저 백록담을 떠올릴 것이고, 그와 연관하여 흰 사슴을 그린다. 백록담이라는 지명 하나만 하더라도 흰 사슴이 물 마시러 드나들던 못이란 의미를 담고 있으니까. 그리고는 왜 한라산에 사슴이 한 마리도 없을까 하는 의문을 갖게 될 것이다. 현재 한라산에는 사슴이 없다. 농가에서 사육하던 사슴이 울타리를 뛰쳐 나간 경우는 보고되고 있지만.

한라산의 사슴이 사라진 시기는 1910년대로 거슬러 올라간다. 1928년 제주에서 제주도 하계대학 강좌가 열리는데, 이때의 조사 결과가 같은 해 『문교의 조선』 10월호에 발표된다. 여기에 실린 모리 타메조(森爲三)의 글 「제주도의 육상동물개론」에 의하면 사슴은 1915-16년 무렵 제주읍에 거주하던 가바지마라는 사람이 잡은 것이 마지막이라 전하고 있다. 이후 한라산에서의 사슴은 멸종했다는 것이다.

송악산 사람 발자국 화석 유적지에서 나타나는 사슴 발자국에서 알 수 있듯이 오래전부터 한라산은 사슴이 뛰놀던 곳이었다. 사슴은 수많은 지명과 더불어 많은 이야기를 전하고 있는데 녹하지, 녹산장, 백록리(안덕면 상천리의 옛 이름) 등이 대표적이다. 그런데 『남사록』 등의 기록을 보면 한라산에는 鹿(사슴 녹)자를 쓰는 사슴과 麋(큰사슴 미)자를 쓰는 큰사슴 두 종이 있었던 것으로 추정된다. 큰사슴이라면 보통 대륙사슴으로 불리는 붉은사슴의 일종으로 우리나라의 고유종이다. 어음리의 빌레못동굴에서 발견된 동물의 뼈 중에도 대륙사슴이 있었다. 이와는 달리 그냥 사슴이라면 꽃사슴을 지칭하는 것으로 보인다. 노루의 경우도 노루와 큰노루 두 종이 있었다. 獐(노루 장)과 麂(큰 노루 궤)로 표기를

1702년 교래리 들판에서 사냥하는 모습을 담고 있는 〈탐라순력도〉의 교래대렵 장면.

달리하고 있다. 큰노루는 고려 말 제주를 지배했던 몽골이 원나라에서 들여온 것으로 기록에는 전하고 있다.

　어쨌거니 한라산을 상징하는 동물로는 단연 사슴을 꼽을 수 있다. 백록담이라는 이름으로 상징되는 흰 사슴에 대한 기록으로는 조선시대 이형상 목사의 『남환박물(南宦博物)』 등에 의하면 양사영 목사(선조 19–21년)와 이경록 목사(선조 25–32년) 당시에 백록을 사냥했었다고 전해진다. 백록과 관련하여 선경(仙經)에서는 "사슴이 1천 살이 되면 색이 푸르고, 또 1백 세가 되면 흰색으로, 또 5백 세가 되면 검게 변한다"고 소개하고 있다. 백록이라면 적어도 1,100세의 나이가 된다는 얘기인데 각자 상상에 맡길 일이다. 김치 판관의 기록에 의하면 존자암의 승려 수정의 말을 인용, 흰 사슴은 영주초 즉 시로미를 즐겨 먹는다고 하였다.

　제주에서 사슴은 조선시대의 대표적인 진상품이었다. 사슴과 관련된 진상품으로는 녹용 외에도 사슴의 가죽(녹피), 대록피, 녹포, 혓바닥, 투구 뒤 목가리개 부분을 덮는 장식용 아석, 수레나 가마 등을 덮는 우비를 말하는 안롱(鞍籠) 등이 있다. 이형상의 『남환박물』에 의하면 매년 사슴가죽 50~60령, 혓바닥 50~60개, 꼬리 50~60개, 말린 고기 200조에 달했다. 이를 위해 제주안무사는 6~7월의 한창 농사철에 진상품을 핑계로 농민들을 동원, 사냥에 나서니 백성들이 농사철을 잃을 정도였다고 한다. 오죽했으면 『조선왕조실록』 영조 45년(1769) 8월 9일자 기록에 탐라에서 바치는 사슴의 꼬리(鹿尾)를 중지하라 왕이 명하는데 그 이유는 "꼬리 60개를 만들려면 사슴도 60마리가 소요될 것이고, 만약 1년에 두 번 바치면 사슴 또한 120마리"라고 했다. 그만큼 백성들이 겪는 고통이 심했다는 얘기다.

　1601년 제주를 찾은 김상헌은 『남사록』에서 "매년 늦가을에서 초겨울에 온

1990년대 중반 한라산에 방사되는 사슴들. 모두 적응하지 못하고 사라졌다.

고을의 군사와 장정을 동원, 사냥을 나서 노루와 사슴을 잡는데 그 양이 매우 많다. 그 가죽은 털을 뽑고 잘 다듬어서 공물(진상품)에 충당하고 뼈는 백골을 만들어 서울에 가서 비단, 명주실, 안료 등과 바꾸어 오게 한다'라고 소개하고 있다. 하지만 값이 비싼 물건과 바꾸기에는 턱없이 모자라 이 명령을 받은 자는 자신의 재산, 우마를 팔아야만 했고 심지어는 부모나 형제, 친족까지 나서야만 해결될 정도였다.

이처럼 잡아들였으니 멸종하지 않은 것이 이상할 정도였다. 실제로 1679년 어사(제주안핵겸순무어사)로 제주를 방문했던 이증의 『남사일록』에 보면 1680년 1월 26일 한경면 청수리 지경 초악(새신오름)에서 사냥하는 장면이 나온다. 몰이꾼들이 숲에 들어가 사슴을 몰아내면 말을 탄 병사들이 사냥꾼으로 나서는데 이날 하루에 잡은 것이 50여 마리에 이른다. 전날 잡은 20여 마리 포함, 이틀 사이에 같은 지역에서 70여 마리를 잡은 셈이다. 1702년 10월 11일 교래리 지경에서 사냥에 나섰던 이형상 목사 일행의 경우에는 마군 200명, 걸어서 짐승을 모는 보졸 400명, 포수 120명이 참여해 이날 하루에 사슴 177마리, 돼지 11마리, 노루 101마리, 꿩 22마리를 포획했다. 그만큼 사슴이 많았고 또 많이 잡았다는 이야기다.

이러한 남획의 결과 한라산에서 사슴은 멸종한다. 그리고는 한동안 사람들의 뇌리에서 사라지다 50여 년만인 1968년에 또다시 등장한다. 한라산 허리에 알래스카산 순록(馴鹿) 목장을 조성한다는 계획이 추진된 것이다. 재미동포인 왕종탁이 유진물산을 설립하여 고려축산주식회사와 합작으로 5·16도로 견월악 일대 총 33만 평에 순록 목장을 조성한다는 계획을 세운다. 그리고는 당시 구자춘 지사를 설득해 같은 해 10월 박정희 대통령이 서귀포 포도당공장 준공식에 참석했을 때 알래스카의 사슴 목장이 나오는 영화까지 보이면서 정부의 수입허가와 재정지원을 요청했다.

당시 박정희 대통령은 "알래스카와 기후풍토가 비슷한 일본 홋가이도에서 왜 사슴을 사육하지 않는지 알아보라"라며 충분한 시험단계를 거친 후 추진하도록 했다. 이에 왕종탁과 고려축산은 서둘러 사업을 추진하게 되는데 농협에서 농가소득증대 명목으로 2,300만 원을 융자받아 한 마리당 10만 원씩 240마리를 구입

과거 하얀 산에서 뛰놀던 옛날의 영화를 그리는 듯한 한라산 1,100고지의 백록상.

하여 비행기 세 대를 전세내 김포공항까지 수송하고 이어 공군 수송기로 제주로 운반한 후 견월악 목장에 방사한다.

　하지만 도입 한 달 만에 41두가 쇠파리 유충과 내출혈, 심장혈전증에 의해 폐사한 것을 비롯해 모두 75두가 폐사했다. 이 문제로 구자춘 지사는 다음 해 제주를 찾은 박정희 대통령으로부터 심한 질책을 받기도 했다. 나머지 사슴들도 다음 해 봄에 방목하자 고사리 중독 등으로 폐사하여 도입 6개월 만에 240두 중 18두만 남는 실패를 겪게 된다. 신토불이란 이럴 때 쓰는 말이리라.

　이어 1990년대 들어서면서 한라산에 사슴을 복원하자는 주장과 함께 1992년 8월에 5·16도로 수장교 서쪽 200미터 지점에 대만산 꽃사슴 암컷 4마리와 수컷 2마리 등 6마리를 방사한데 이어 1993년 6월에 관음사지구 자원목장에 암컷 4마리와 수컷 1마리 등 5마리가 또다시 방사된다. 당시 환경파괴 논란이 일자 제주시에서 병의원을 운영하는 한 의사가 탐라계곡 인근의 자신의 목장에 방사한 것이다.

　그리고는 1993년 10월 22일 3년생 흰 사슴 수컷 한 마리와 꽃사슴 암컷 한 마리 등 사슴 한 쌍이 한라산 700고지인 견월악 부근에 방사된다. 이번에는 경기도 이천군에서 사슴 사육을 하는 독농가가 나섰다. 하지만 당시 방사됐던 사슴들은 1995년까지는 간혹 발견되기도 했으나 이후 완전히 사라졌다.

　한라산의 사슴을 이야기하면서 옛날 모리셔스 섬에 살던 도도라는 날지 못하는 새를 생각하게 된다. 도도는 모리셔스에만 살던 새인데, 16세기 유럽인들이 이 섬에 상륙한 후 마주잡이로 잡다 보니 결국은 멸종, 지구상에서 사라졌다는 비극의 새다. 지금 한라산에는 사슴이 사라진 자리를 노루가 대신하고 있다. 종다양성을 생각한다면 안타까울 따름이다.

원숭이가 뛰놀던 한라산

예전 기록에는 등장하지만 현재 한라산에서 서식하지 않는 대표적인 동물로는 사슴 외에도 원숭이가 있다. 『조선왕조실록』에 의하면 원숭이 관련 글을 두 번에 걸쳐 나오는데 모두 세종 때이다. 먼저 세종 16년(1434) 4월 11일자에 왕이 전라도 감사에게 지시하기를 "첨치중추원사 김인이 제주목사로 있을 때 원숭이 여섯 마리를 잡아 길들이게 했는데, 지금의 이붕 목사에게 전해 주고 왔다. 일부러 사람을 보내 출륙시킬 필요까지는 없고, 만약 오는 사람이 있으면 명심하여 먹여 기르다가 출륙시켜 풀이 무성한 섬에 풀어놓은 후 사람들이 잡지 못하게 하여 번식하게 하라"는 것이다.

그 결과에 대해서는 이후에 언급이 없어 이때 잡은 원숭이가 실제 육지로 옮겨졌는지는 확인할 수가 없다. 다만 이로부터 2년 후인 세종 18년(1436) 윤6월 16일자에 의하면, 제주안무사 최해산이 원숭이와 노루 암수 한 쌍을 진상하니, 상림원에서 기르도록 하였다가 그 후에 인천 앞의 용유도로 옮겨 방사한 것으로 나온다.

이와 관련해 나비박사 석주명은 유작 『제주도 수필』에서 약간 다르게 설명하고 있다. 즉 원숭이가 우리나라에 최초로 수입된 때가 조선 태조 3년 6월에 한 마리, 그 후 세종 8년에는 말이 많이 병들어 죽자 일본에서 원숭이와 말을 주문하여 들여왔다. 이후 일본 곳곳에서 보내왔고, 유구국으로부터도 들어오게 된다. 세종 17년에는 제주목사에게 명하여 6쌍을 한라산에 방목, 번식을 꾀했지만 실패로 돌아갔다. 원숭이 수입은 연산군 무렵까지 계속됐다는 내용이다. 석주명 선생이 어느 문헌을 인용했는지 알 길이 없어 그 진위 여부는 확인할 수가 없다.

150

세종대왕 시대의 이야기를 연계하면 원문을 번역하는 과정에서 착오가 있었는 지도 모를 일이다.

어쨌거나 『조선왕조실록』이나 석주명 선생의 기록을 종합하면 한때는 한라산에 원숭이가 살았다는 얘기다. 문제는 한라산에 예전부터 살고 있었느냐 아니면 일본에 들여온 것을 방사하여 잠시나마 서식했느냐의 차이다. 하지만 그 외에의 어떠한 기록에도 제주에서의 원숭이에 대한 이야기는 없다. 때문에 극소수의 원숭이가 제주에 서식하다가 조선 초기에 멸종한 것이 아닌지, 아니면 원래 제주에는 없었는데 진짜로 수입됐는지 추정해 볼 따름이다.

이와 관련하여 학자들은 원래 한라산에는 원숭이가 없었는데, 인위적으로 들여와 방사된 것으로 추정하고 있다. 왜냐하면 제주도의 포유동물들이 과거 빙하기에 제주가 한반도와 연결돼 있을 때 이곳으로 이동해 온 것인데, 아직까지 한반도에 원숭이가 살았다는 기록이 없기 때문이다. 결국 제주도의 원숭이도 외부에서 유입된 것으로, 이곳의 자연환경에 적응하지 못해 도태됐다는 것이다.

기록상 외부에서 제주로 유입된 동물로는 원나라에서 큰사슴이 들어온 것을 비롯해 소와 말, 양, 나귀 등이 있다. 또 조선 세종 20년(1438)에는 제주도를 비롯한 전국 8도에 각각 암양 네 마리와 숫양 두 마리를 보내 10년간 번식상태를 조사하라고 하기도 했다.

이와 달리 제주에 올 뻔한 동물로 공작이 있다. 앞서의 석주명 선생 기록을 보자. 태종 5년(1405)에 대마도의 도주 무네 사다시게가 토산과 침향, 소목, 염료 등을 공작 1마리와 함께 헌상했다. 그런데 그 사자가 이것은 남쪽 나라의 배로부터 약탈한 것이라 공공연하게 말한 관계로 사간원에서 상소하기를 그런 부정품은 받지 말고 반송해야 한다는 것이다. 이에 임금은 만약 거절할 경우 대마도와 절연되어 왜구 침입의 염려가 있다 하여 받아들이고는 물품은 신하에게 나눠주고, 공작은 제주도에 풀어놓으려 했으나 비용문제를 감안, 전라도의 섬에 풀었다는 내용이다.

공작은 이후에도 제주도에 올 기회가 있었다. 선조 22년(1589) 일본에서 공작한 쌍을 보내온 것이다. 이에 임금이 공작을 제주에 방사하라고 지시했는데, 예조에서 아뢰기를 제주에 수송하는 데 폐단이 있으니 남양 절도의 울창한 숲에 방사할 것을 건의, 그렇게 하라고 했다. 이에 대해 석주명 선생은 『조선왕조실록』과는 달리 대마도 도주가 보내온 공작 한 쌍을 같은 해 8월 1일에 제주도에 방사했다고 소개하고 있다. 이 또한 어느 설명이 맞는지 지금으로선 확인이 어렵다.

비슷한 사례로 물소가 있다. 성종 때의 일이다. 수우(水牛) 즉 물소가 날로 자라자 임금이 승정원에 하교하기를, 민간에 분양해 밭을 가는 데 이용토록 하면 어떻겠냐는 것이다. 이에 신하들이 수우는 성질이 조급해 밭을 가는 데는 적당하지 않다고 대답한다. 신하 한 사람이 차라리 전라도에 분양한 수우를 제주도의 산남으로 옮기는 것은 어떠한지 건의하자, 임금은 "수우는 성질이 급한 까닭에 배로 실어 가려 하면 놀라 날뛸 우려가 있다"며 허락하지 않았다는 얘기다.

외부에서 유입된 동물이 제주의 자연환경에 적응하지 못해 도태된 사례는 최근에도 있다. 가장 대표적인 것이 사슴과 소, 까치 등이다. 사슴은 1968년 정부의 재정지원까지 받아 가며 240마리를 들여왔지만 고사리 중독 등으로 도입 6개월 만에 18마리만 남는 실패를 겪었다. 고사리 중독에 의한 가축의 집단폐사는 1974년 7월에 제동목장에서도 발생, 키우던 수입 소들이 폐사하기도 한다. 앞서 물소와 공작의 사례에서 보듯이 조선시대에도 적응 여부를 따졌는데, 오히려 현대사회에서는 그렇지 못했다는 말이다.

정반대의 사례도 있다. 지금은 그 개체수가 기하급수적으로 불어난 까치의 경우도 그 시작은 그렇지 않았다. 처음 제주에 까치가 들어온 것은 1963년으로 농

제주도의 조그마한 동물 사육장에서 키우고 있는 공작.

일본의 야생 원숭이.

촌진흥청에서 6마리를 보내 도내에 방사했던 것이다. 하지만 2개월 만에 모두 죽어 버리자 1971년 10월에는 동아일보와 한국조수보호협회에서 수놈 1마리와 암놈 2마리 등 까치 3마리를 공군 특별기편으로 수송, 삼성혈에 다시 방사했지만 이 또한 실패했다. 제주의 자연환경에 적응하지 못했다는 얘기다. 시간이 흐른 지금, 제주도를 휘젓고 다니는 까치는 한참 후인 1989년 세 차례에 걸쳐 46개체가 방사된 것들이다. 이들은 앞서의 실패를 반복하지 않기 위해 중문 대유수렵장 등지에서 현지 적응훈련까지 거쳤다. 그 결과 제주의 자연환경에 적응, 지금은 제주의 자연생태계를 교란시키는 최대의 주범으로서 전신주 훼손에 따른 정전, 농작물의 피해 등이 잇따르고 있다.

　이 지구상 어디를 막론하고 그곳에 서식하는 동물이나 식물들은 그럴 만한 존재이유가 있다. 즉 그곳의 자연환경에 수백, 수천 년, 심지어는 수만 년 생활하며 그곳의 자연환경에 적응하며 살아남은 것이다. 제주에서 생활하는 수많은 동물도 예외는 아니다. 어쩌면 우리 인간들보다 먼저 이 땅을 차지한 주인들이다.

신(神)의 사자, 까마귀

한라산 등산에 나설 때 가장 먼저 반기는 동물이 있다. 한라산을 상징하는 동물로 많은 이들이 노루를 치지만, 노루는 아침 저녁 시간대에 주로 활동하기에 흔하게 볼 수 없고, 등산객들과 가장 가까운 거리에서 맞이하는 것은 까마귀다. 얼마나 지근거리에 있는가 하면 음식을 먹다가 옆으로 던지자마자 순식간에 날아와 냉큼 먹고는 더 주기를 기다릴 정도다.

제주에서 까마귀가 얼마나 많았는지는 나비박사 석주명 선생의 글에서도 확인할 수 있다. 석주명은 『제주도 수필』에서 "제주도는 까마귀의 섬이라고 할 만큼 까마귀가 많고 군비(群飛)할 때는 장관인데 더욱이 까마귀 무리가 날아서 내려오를 때의 소음은 처연(凄然)해서 이를 부름까마귀(風鳥)라고 한다"고 기록하고 있다.

까마귀와 제주 사람들의 관계는 김낙행(1708~1766)의 글에서도 잘 나타난다. 김낙행은 1737년 제주로 유배형을 받은 아버지 김성탁을 따라 제주에 입도, 아버지를 모셨던 인물로 "제주에 귀양 갔을 때 집안은 물론 부엌까지 들어와 그릇 뚜껑을 차서 깨뜨리며 밥과 고기 등을 사정없이 먹어치우던 까마귀떼의 행동에 저주를 퍼부었다"고 소개하고 있다.

이처럼 예로부터 까마귀는 제주에서 흔한 텃새였다. 하지만 지금은 한라산 등산로 일대에서는 그나마 흔하게 볼 수 있지만 민가에서는 겨울철에 제주도 동부지역의 중산간 일대에 가야 볼 수 있다. 상황이 예전과는 사뭇 달라진 것이다. 항간에는 1989년 제주로 들어온 까치가 기하급수적으로 늘어나며 생존경쟁에서 까마귀가 밀린 게 아니냐는 의견까지 나돌 정도다.

현재 까마귀의 행동반경을 보면 한라산에서 생활하는 큰부리까마귀와 까마귀, 중산간 일대에서 찾아볼 수 있는 떼까마귀와 갈까마귀 등으로 구분해 볼 수 있다. 큰부리까마귀와 까마귀는 텃새로 일 년 내내 볼 수 있고, 떼까마귀와 갈까마귀는 겨울 철새로 구좌읍과 우도 등지에서 보인다.

앞서 김낙행의 글에서도 언급되고 있는 까마귀가 부엌 안에 들어와 음식물을 뒤지던 모습은 1970년대 초반까지만도 어렵지 않게 보던 광경이었다. 필자가 음식물을 뒤지는 까마귀의 습성을 최근에 본 것은 한라산 어리목 광장에서였다. 겨울철 어승생악 정상에서는 만설제를 거행하여 산악인의 안전산행을 기원하는데 행사 전날 밤 눈 속에 묻어 둔 돼지고기가 다음 날 아침에 보니 없어졌다. 눈 속에 돼지고기를 묻는 모습을 지켜본 까마귀의 소행이었다. 당시 까마귀의 지능에 대해 주변사람들과 이야기를 나눈 기억도 있다.

까마귀의 지능과 관련해서는 2008년 문을 연 제주 4·3평화공원에서도 에피소드가 전해진다. 평화공원이 위치한 제주시 봉개동 일대는 지금도 겨울과 봄철에 흔하게 까마귀를 볼 수 있는 곳이다. 그런데 개관 초기에 까마귀의 배설물로 바닥청소에 짜증이 난 어느 한 직원이 까마귀를 쫓아낸다며 돌을 던졌다. 그러자 까마귀들이 발가락으로 돌을 움켜쥐고는 그 직원의 머리 위로 떨어뜨리는 상황이 벌어졌다. 이후 돌에 맞은 직원은 다시는 까마귀를 향해 돌을 던지지 않았다고 한다.

한편 제주 사람들은 예로부터 까마귀를 신령스런 새로 여겨 왔다. 즉 인간세계와 하늘나라를 이어 주는 매개체로 인식한 것이다. 대표적인 사례를 보자. 조상의 제사를 모시는 제차를 보면 후손들이 배례한 후 마지막에 걸명(걸맹 또는 잡식)이라 하여 제사상에 올렸던 각종 제물을 역시 제사상에 올렸던 숭늉에 조금씩 떼어낸 후 초가지붕 위에 던지는 의식이 있다. 그리고는 다음 날 아침 까마귀가 와서 그 음식물을 먹으면 조상이 와서 제사 음식을 먹은 것으로 믿는다. 까마귀를 조상신으로 여기는 것이다.

비슷한 사례로는 '까마귀 모른 식게'라는 표현이 있다. 식게는 제사를 말하는 제주어로 제사가 끝난 후 당연히 까마귀가 와야 하는데, 까마귀도 모르게 지낸다는 말이다. 즉 남들 몰래 지내는 제사를 말하는 것으로, 후손 중에 아들이 없

과거 제주도는 까마귀의 섬이라고 할 만큼 까마귀들이 많았다.

어 시집간 딸이 남들에게 알리지 않고 시집에서 지내는 제사를 말한다.

까마귀의 신령스러움은 무속신앙에서 비롯됐다. 차사본풀이 내용을 보자. 하루는 염라대왕이 인간차사 강님에게 지시하기를, 남자는 80, 여자는 70살이 되면 저승으로 오라는 명령을 인간세계에 전달하라는 것이었다.

이에 강님이 명령서인 적폐지를 등에 이고 이승으로 향하는데, 이를 본 까마귀가 자기가 대신 전달해 주겠다고 나섰다. 적폐지를 날개에 끼워 이승으로 향하던 까마귀는 사람들이 말을 잡아먹는 모습을 보고 고기 한 점 얻어먹으려고 기다리는데 백정이 말발굽을 던지자 자기를 맞추려는 것으로 여겨 퍼뜩 날아 오르는 순간 적폐지가 떨어져 버린다. 이때 담구멍에 있던 뱀이 적폐지를 먹어 버리는 바람에 까마귀가 적폐지 없이 되는 대로 지껄이는 바람에 그 이후로 사람이 죽는 순서가 뒤죽박죽이 돼 버렸다는 것이다.

제주 사람들은 뱀이 쉽게 죽지 않는 이유를 적폐지를 먹었기 때문에, 까마귀가 아장아장 걷는 이유에 대해서는 나중에 화가 난 인간차사 강님이 까마귀를 보릿대 형틀에 묶어놓고 밀대 곤장으로 아랫도리를 후려쳤기 때문이라고 설명하고 있다. 예전 제주 사람들의 상상력이 얼마나 뛰어났는지를 느끼게 해주는 대목이다. 제주 사람들의 상상력은 천지왕본풀이라 불리는 천지개벽 신화에서도 잘 나타난다. 처음 암흑에서 시작돼 하늘과 땅이 나뉘는 과정, 즉 이 세상이 열리는 과정을 소개할 정도였다.

어쨌거나 이러한 연유로 까마귀는 사람들의 죽음과 관련된 새로 인식해 까마귀가 울면 마을에 장례가 날 것으로 믿어 불안해 한다. 예를 들면 아침에 까마귀가 울면 아이가 죽고, 점심 때 울면 젊은 사람이, 저녁에 울면 노인이 죽을 것을 예언한다는 것 등이다. 이와는 별개로 실제 장례를 치를 때 보면 지금이야 화장을 해서 납골당 등에 모시는 경우가 많지만, 예전 중산간 일대에서 묘를 조성할 때 인근에 까마귀가 떼를 지어 날아오르는 모습도 흔한 풍경이었다.

까마귀와 관련된 민속으로는 거욱대라 불리는 방사용 돌탑이 있다. 거욱대는 예전 대부분의 마을에 세워졌던 돌탑을 말하는데, 원추형의 돌탑 꼭대기에 까마귀 형상의 돌을 하나 얹은 형상이다. 그 명칭에 있어서도 답, 탑, 거욱, 거욱대,

까마귀 형상을 얹은 거욱대.

걱대, 극대 등으로 불리는데, 거욱은 까옥까옥 우는 가마귀의 소리를 형상화한 것이다.

거욱대를 세우는 이유는 비보풍수의 개념으로 허(虛)하다고 여겨지는 곳, 사악한 기운이 들어온다는 지경에 탑을 세우고는 까마귀가 사악한 기운을 쪼아 없애 주기를 기원하는 염원이 담겨 있다. 즉 길조, 흉조를 떠나 까마귀의 신령스러움을 상징하고 있다고 해도 과언이 아니다.

어쨌거나 제주에서 까마귀를 말할 때 많은 이들이 떠올리는 풍경은 수백, 수천 마리의 바람까마귀(ᄇ름까마귀, 風鳥)가 하늘을 시커멓게 뒤덮은 모습이다. 겨울철 바람이 휘몰아치는 중산간 일대에서 흔하게 볼 수 있는 풍경으로, 요즘에는 앞서 언급했던 봉개동 4·3평화공원 일대와 조천읍 교래리, 대천동 일대에서 겨울철에 어렵지 않게 만날 수 있다. 흡사 공포영화의 한 장면처럼 스산하기 이를 데 없다.

이와는 달리 한라산에서 만나는 까마귀는 큰부리까마귀가 대부분으로 분위기 또한 중산간 일대의 바람까마귀와는 다르다. 사람들이 던져 주는 음식에 욕심을 부리는데 일부는 코앞에까지 다가와 기다린다. 더구나 어리목 광장에서는 쓰레기통을 뒤지는 모습을, 겨울철 윗세오름 광장에서는 등산객이 한눈을 파는 사이 등산객의 배낭까지 넘보는 모습도 어렵지 않게 볼 수 있다. 이와 관련하여 일부에서는 생태계 교란이라는 이유로 까마귀에게 음식물을 주는 행위를 금지해야 한다고 강조한다. 먹이를 쉽게 얻게 되면 본래의 먹이활동 습성이 없어져 버린다는 것이다. 판단은 각자의 몫이다.

노루

제주특별자치도의회에서 노루를 유해동물로 지정, 포획을 허용하자는 조례안이 입법 예고돼 논란을 빚은 적이 있다. 도의회 환경도시위원회가 입법 예고한 '제주특별자치도 야생생물 보호 및 관리 조례안'에 노루를 유해 야생동물로 지정해 적정 개체수를 유지하고 농작물 피해를 막기 위해 포획을 가능하게 하자는 것이 골자다.

찬반이 극명하게 갈리는 사안이다. 노루로부터 농작물 피해를 입고 있는 농민들을 비롯한 찬성측에서는 농작물 피해예방과 함께 천적이 없는 노루가 크게 증가하면서 생태계를 교란하는 요인이 되고 있다는 입장이다. 반대로 환경단체를 비롯한 반대측에서는 한라산의 상징 동물인 노루를 유해야생동물로 지정해 포획을 허용하는 것은 문제가 많다는 주장이다. 심지어 노루가 인간의 영역을 침범한 게 아니라 인간들이 먼저 노루의 삶의 터전을 빼앗고는 그 책임을 전가하고 있다는 비판마저 제기한다.

언제부터 노루가 이처럼 천덕꾸러기가 됐는지 씁쓸하다. 민족의 영산이라는 한라산에서 그나마 인간들로부터 가장 사랑을 받았던 동물이 노루였는데 말이다. 실제로 지난 2000년에 도청에서 제주도의 상징물을 새롭게 선정하기 위해 여론조사를 실시한 적이 있다. 이때 가장 많이 거론됐던 동물이 노루와 조랑말이었다. 특히 범위를 한라산으로 좁힐 때는 더더욱 그렇다.

개체수가 많아 포획해야 한다는 주장이 제기되는 요즘이지만 불과 20여 년전만 하더라도 한라산의 노루는 멸종위기에 처한 동물이었다. 1980년대 후반의 경우 좀처럼 사람들의 눈에 띄지 않자 멸종을 우려할 정도였다. 그리고는 1990년

한라산의 상징이었던 노루가 유해동물로 지정, 포획될 위기에 놓였다.

한 지방일간지에 노루 사진이 오랜만에 등장하는데, 당시 노루 촬영은 1,200밀리 망원렌즈를 이용해 며칠간 잠복한 끝에 어렵게 성공했다는 후일담까지 전해진다. 그만큼 그 숫자가 적었다는 얘기다.

한라산에 노루가 증가하기 시작한 것은 적극적인 보호정책 덕분이었다. 1990년 중반 눈이 쌓인 날이면 어리목 광장을 비롯해 한라산 곳곳에 노루먹이주기 운동을 대대적으로 펼친 결과다. 15년 전까지만 하더라도 모두들 보호해야 한다고 외쳤던 과거를 생각한다면 지금의 유해동물 지정 움직임은 격세지감을 느끼기에 충분하다.

노루를 유해동물로 지정하자는 주장이 가장 큰 이유는 농작물 피해다. 급격하게 증가한 노루로 인해 농작물 피해가 크다는 것이다. 제주도의 조사에 의하면 2011년 노루 피해농가는 275농가로 그중 261농가에 3억 9천만 원의 피해보상금을 지급하고 145농가에 4억 4,800만 원의 피해예방시설 지원을 했다. 피해보상금의 경우 2009년 152농가 9,900만 원, 2010년 197농가 1억 4,100만 원과 비교할 때 크게 증가했음을 알 수 있다.

겨울철 어리목 광장의 노루.

　이처럼 노루에 의한 농작물 피해가 증가하는 것과 관련해 우선은 노루의 개체
수 증가와 함께 한라산 일대의 조릿대 증가에 따른 먹이의 감소, 원래 노루의 서
식지인 중산간의 난개발에 따른 서식환경의 변화 등을 원인으로 꼽기도 한다.
결국은 노루의 숫자는 증가하는데 반해 이들이 살아갈 서식환경은 감소하고 있
다는 것이다.

　그렇다면 현재 노루의 정확한 숫자는 얼마나 될까. 지난 2009년의 조사 결과
제주도의 노루는 1만 2,881마리였는데, 2011년의 경우 600미터 이하 지역만 조사
했는데도 1만 7,756마리로 급격한 증가 추세를 보이고 있다. 제주도 전체적으로
는 2만 500여 마리에 달한다는 통계도 나오는 상황이다. 불과 2년 사이에 60퍼
센트 가량이 증가했다는 얘기다. 이쯤 되면 자연발생적으로 2년 사이에 60퍼센
트나 증가할 수 있느냐에 대해 무언가 이상하다는 생각이 들 것이다.

　한라산의 노루 숫자와 관련하여 2001년 한라산연구소의 조사에서는 해발 600
미터 이상 지역 1,671마리, 해발 600미터 이하 지역에 1,700여 마리 등 제주도 전
역에 약 3,300마리가 서식하는 것으로 추산했다. 그리고는 2000년대 중반까지만

하더라도 제주도의 노루 숫자를 5천 마리로, 그리고 한라산국립공원구역의 경우 3천 마리로 추산했었다. 한라산연구소가 1998년부터 2001년, 2006-07년 겨울철 한라산국립공원 및 주변지역을 중심으로 조사한 결과에서는 1,444마리가 관찰됐다.

2001년 3,300마리가 10년이 지난 2011년 2만 500여 마리로 증가했다면 무려 6배에 달하는 증가추세다. 조사지역과 조사방법에 따라 상당한 차이를 보임을 알 수 있다. 차제에 모두가 납득할 수 있도록 민관이 함께 참여해 체계화된 방법으로 조사를 실시하자고 제안하고 싶다.

하나의 정책을 시행하려면 여러 가지 요인을 고려해야 한다. 과거 우리는 한라산과 관련하여 근시안적인 접근으로 인한 피해를 체험했다. 대표적인 사례가 남벽 등산로 개통과 까치 방사를 들 수 있다. 남벽 등산로의 경우 이전의 백록담 서북벽 코스가 훼손이 심해지자 1986년 5월부터 대체 등산로로 개발된 곳이다. 하지만 사전에 철저한 검증절차를 거치지 않고 등산로를 개설하는 바람에 8년만인 1994년 7월부터 돌이킬 수 없는 남벽 붕괴라는 상처를 남긴 채 이마저도 통제된다. 까치 방사의 경우도 제주의 자연생태계에 미치는 영향을 사전에 고려하지 않은 채 무분별하게 방사하는 바람에 훗날 나타나는 피해는 모두가 알고 있는 바이다.

노루를 유해 조수로 지정할 것인지 여부에 대해서도 철저한 검증작업이 우선되어야 한다. 노루의 분포와 서식밀도, 적정수용력에 대한 조사, 서식환경 및 이동 실태, 행동반경 등 생태적 요인을 조사하는 한편 개체수 변동 추이, 노루로 인한 피해 실태 등을 장기적으로 모니터링한 후 결정해야 할 사안이다. 미국의 경우 옐로우스톤 국립공원에서는 멸종한 회색늑대의 복원에 앞서 야생동물청(FWS)을 중심으로 수많은 과학적 연구 수행과 더불어 150회 이상의 공청회, 16만 회 이상의 논평과 대중의 발언들에 귀를 기울인 후 늑대를 도입했다. 신중한 접근이 필요하다.

조사기간이 길어짐에 따라 당장 피해를 보는 농민을 어떻게 할 것이냐의 문제는 해당 농민들이 수긍할 정도의 보상책을 마련하면 된다. 제주의 청정자연환경을 홍보하기 위해 일부러 예산을 책정하는 것을 감안한다면 충분히 가능한 일이

1990년대 중반 노루먹이주기
운동 모습.

노루생태관찰원에서 어린아
이가 노루에게 먹이를 주고
있다.

다. 노루를 통해 청정한 자연생태계 이미지 또한 큰 자산이기 때문이다. 더욱이
세계 환경수도를 지향하는 제주도의 입장에서는.

그런 다음 실제로 노루의 개체수를 관리할 필요가 있다고 인정될 경우 유해동
물로 지정해 포획하는 것만이 능사인가에 대해서도 고민할 필요가 있다. 포획
또는 사살은 최후의 수단으로 남겨 두고 우선은 다른 대안은 없는가를 먼저 검
토해야 한다. 최선이 아니면 차선이라는데 그 과정이 생략됐다는 얘기다.

한 예로 기존의 관광지가 아닌 곳임에도 관광객이 즐겨 찾는 견월악 제주마
방목지를 들 수 있다. 관광객들은 한라산 자락에서 뛰노는 조랑말들을 보면서
제주의 청정함과 목가적인 분위기를 즐기고 있다. 2007년 개장한 제주노루생태
관찰원의 경우도 노루 관찰 및 노루먹이주기 등을 체험할 수 있는 현장학습장으
로 각광받고 있다. 중산간 일대의 마을목장을 노루공원으로 활용하는 방안도 고

려해 볼 필요가 있다.

　농가 주변의 노루를 포획해 노루목장을 조성하면 관광자원으로의 활용도 가능할 것이다. 일본 나라현에 위치한 도다이지(동대사)의 경우 관광객들은 사찰에 대한 기억보다 사찰 입구의 노루공원에서 사람들과 어울리는 노루의 모습에 대한 소감을 더 피력하는 사실을 참고할 만하다. 이 지역 주민들은 사슴을 몰아내는 대신 천연기념물로 지정 보호하며 서로 상생의 길을 가고 있다.

　한라산의 노루는 바로 한라산이 살아 숨 쉬는 있는 생명의 원천임을 보여주는 상징이다. 더욱이 오래전에 사슴이 멸종했기에 이제 보여줄 수 있는 포유류가 노루밖에 없지 않은가. 인간과 자연이 상생할 수 있는 지혜를 모아야 할 때다.

노루는 2013년 7월 유해동물로 지정되며 3년간 4,600마리가 포획됐다. 하지만 노루의 개체수에 대한 이견은 끊이지 않는다. 2011년 조사에서는 2만 마리인데 반해, 4,600마리를 포획한 2016년 현재 7,600마리가 서식하고 있다는 통계가 그것을 증명한다. 포획분과 현재 개체수에서 로드킬 등 자연감소분이 있더라도 1만 마리 이상 차이가 나는 것이다. 때문에 행정당국에서는 노루 적정 개체수는 6,110마리로, 현재 7,600마리가 서식하고 매년 2,300마리가 자연증가하기 때문에 노루 포획은 계속돼야 한다는 입장이지만 그 신뢰성에 의문을 제기하는 이들이 많다. 한편 제주도는 '제주특별자치도 야생동물 보호 및 관리 조례'를 개정, 2019년까지 연간 1,500마리씩 4,500마리의 노루를 추가로 포획될 계획이다.

조공천과 도근천

제주도의 정점인 한라산 백록담을 끼고 발원하는 하천은 광령천을 비롯해 한천, 효돈천 등 3개소이다. 그만큼 광령천은 도내에서 큰 하천이다. 때문에 예로부터 수많은 기록에 광령천과 관련된 내용이 수록돼 있다. 구체적으로는 외도동 월대 일대와 중류인 무수천에 대한 내용들인데, 이곳을 소개할 때 처음 나타나는 지명이 도근천이다.

첫 시작을 보자. 먼저 1530년에 편찬된 『신증도국여지승람』 제38권 제주목 산천조에 나와 있다. "조공천(朝貢川)은 주에서 서쪽 20리에 있으며 수정천(水精川), 도근천(都近川)이라고도 하는데 주민의 말이 난삽하기 때문에 조공이라는 음절이 와전되어 도근이라는 말이 된 것으로 여긴다. 상류에 폭포가 있어 수십 척을 비류(飛流)하고 물이 땅속으로 숨어 흘러서 7-8리에 이르면 다시 암석 사이로 용출하여 드디어 큰 내를 이루었다. 내 밑에 깊은 못이 있는데 거기 물체가 있어 그 모양이 달구와 같으며 잠복변화(潛伏變化)하여 사람에게 보물로 보이고 못 가운데 놓여 있다. 이 내는 모든 내 중에서 큰 내이며 하류는 조공포이다"라는 내용이다.

조공천이라는 이름은 앞의 책 관방조에 "도근천 포구 수전소에서 모든 공납물과 선물이 차례대로 바다를 건넌다"라는 기록에 비추어 이곳 포구에서 조공선이 출발한 데서 비롯된 이름임을 알 수 있다. 도근천에는 방호소와 수전소가 있었는데 이곳에는 마병과 보병이 144명이 주둔하고 있다고 『조선왕조실록』 중 세종 21년(1439) 제주도 안무사 한승순의 보고 내용에 소개되고 있다.

수정천이라는 이름은 인근에 수정사라는 사찰이 있었기 때문에 불리게 된 이

외도동 월대. 광령천은 이 부근에서 도근천과 어시천이 합류한 후 바다로 향한다.

름이다. 수정사는 법화사, 원당사와 더불어 고려시대에 창건된 사찰로 지금의
외도동 절물마을에 위치하고 있었다. 이후의 거의 모든 기록이 이와 같다. 구체
적으로는 1601년 김상헌의 『남사록』을 비롯해 1652년 이원진의 『탐라지』, 1899
년 『제주군읍지』 등에서 같은 내용으로 소개된다.

지금 현재와는 사뭇 다른 얘기다. 하천이 바다와 만나는 외도 선착장에서 보
면 하나의 하천이 바다로 이어지는 것처럼 보이지만 큰 틀에서는 세 개의 하천
이 모여 바다로 향하는 형국이다. 광령천과 어시천, 도근천이 그것이다. 참고로
광령천이라는 이름은 1936년 이후 지정고시를 통해 통용되는 이름이다.

그중 광령천은 한라산 백록담 서북벽에서 발원하여 제주시 해안동, 도평동,
내도동의 서쪽, 애월읍 광령리와 외도동 월대마을의 동쪽을 흐르는 하천이다.
하류인 외도마을에서는 월대천, 도평과 광령에서는 무수천 또는 광령천, 한라산
지경에서는 어리목골 또는 와이(Y)계곡이라고 부르는 하천이다. 한라산의 백록
담 서북벽에서 발원하는 남어리목골과 장구목에서 발원하는 동어리목골이 족
은드레왓 인근 합수머리에서 합쳐지는데, 이곳의 물을 끌어다 제주 시민의 식수

원인 어승생저수지를 만들었다. 또 다른 한 갈래는 영실의 불래오름 인근에서 발원하는데 치도라 불리는 천아오름 인근에서 하나로 합해진다.

현재의 도근천은 옛 기록과는 전혀 다른 하천으로, 한라산 어리목 광장 동쪽의 물과 작은드레왓에서 발원한 물이 아흔아홉골의 선녀폭포를 구비 돌아 해안 축산단지, 누운오름, 월산, 도평을 거쳐 도근교에서 어시천과 만나 합류하고 바다로 흘러들기 직전인 외도교 앞에서 광령천과 합쳐진다. 도평마을에서는 하원천, 신산마을에서는 장순내 또는 장수천이라 부르고 있다.

이외에 광령천과 도근천 사이에 어시천이 있는데, 해안 공동목장 인근에서 발원해 해안마을과 도평초등학교 서쪽과 창오마을 사이를 거쳐 도근천과 합류한다. 도평마을에서는 앞내라고 부른다. 어시천의 또 다른 지류는 질메가지에서 시작된다. 질메가지는 제주시 도평동 창오마을에서 동사라마을로 가는 도로변에 위치하고 있다. 도평동 1243번지 인근 창사교라는 다리가 위치한 일대를 가리킨다. 창오마을 서쪽 광령천을 가로지르는 창오교를 기준으로 할 때는 남쪽 350미터 지점이다. 질메란 길마를 이르는 말이다. 결국 질메가지란 길맛가지를

광령천이 둘로 나뉘는 질메가지. 가운데의 바위 절벽을 경계로 왼쪽은 광령천, 오른쪽으로 어시천의 한 줄기가 시작된다.

김정호의 〈동여도〉에 나타난 조공천. 그 상류에 무수천이라는 글자가 보인다. 실제와는 다르게 지금의 광령2리인 유신촌(有信村)의 서쪽으로 무수천이 위치한 것으로 표기돼 있다.

말하는 것으로 가운데를 중심으로 두 갈래로 나뉘는 형상을 말한다.

이곳은 50미터 가량 되는 거대한 암반이 병풍처럼 둘러서 있는데, 이 바위를 경계로 두 개의 하천이 마주하고 있다. 제주도의 많은 하천에서 여러 하천이 하나로 합쳐지는 경우는 많지만 하나의 하천이 한 지점에서 두 개로 나뉘는 유일한 경우이다. 병풍처럼 둘러선 바위를 사이에 두고 서쪽의 하천은 광령천으로 한라산에서 발원한 하천이 월대로 이어지고 동쪽의 하천은 어시천으로 동북방향으로 이어진다. 결국 광령천이 범람할 경우 넘쳐난 물이 바위를 넘어 어시천의 한 지류를 형성하는 것이다. 도평마을 서쪽 흥룡사 가는 길의 장군내 일대에서 두 개의 지류가 합쳐지는 것이다. 장군내는 동쪽의 족은내와 비교대상으로서 큰내, 마을 앞을 흐른다 하여 앞내, 장군 또는 활을 잘 쏘는 사람이 많이 살던 곳이라 하여 장군내, 궁숫내 등으로 불리기도 한다. 이밖에 도감내라고도 한다.

결국 광령천 하류인 외도교 다리 직전에 이들 3개의 하천이 하나로 합쳐진 후 바다로 향하는 형국이다. 하지만 앞서 살펴보았듯이 조선시대의 모든 기록들에서는 도근천이라는 이름 하나로 이들 3개의 하천을 아우르고 있다. 더 정확히 이야기한다면 현재의 광령천 하나를 지칭하는 경우가 많았다. 무수천(無愁川)을 소개하면서 도근천의 상류로 설명하는 것이다. 대표적인 예가 이원진의 『탐라지』를 시작으로 1679년 이증의 『남사일록』이 그것이다.

그렇다면 이와 관련하여 현지 사람들은 예전에 어떻게 바라봤을까. 이들 3개의 하천은 외도와 내도, 도평, 해안, 광령마을이 인접해 있다. 특히 도평의 경우 본동(상동과 하동), 신당, 창오, 사라마을 등 5개의 자연마을이 있는데 동쪽으로 도근천(장순내와 하원내)을 사이에 두고 본동과 신산마을이 나눠지고, 중간지점에는 어시천(앞내)을 경계로 본동과 창오마을이 나뉜다. 서쪽으로는 창오마을과 외도동, 사라마을과 광령1리가 경계를 이루는데 특히 사라마을의 경우 광령천을 경계로 동사라리는 도평동에, 서사라리는 광령1리에 속되는 특이한 형태다.

도평마을 사람들이 말하는 도근천은 지금의 광령천과는 다르다. 도근천이라는 이름보다는 '도그내'라는 이름을 더 많이 사용하는데, 도그내의 동쪽마을을 동착, 서쪽을 서착이라 부른다. 지금의 내도와 외도를 이르는 말이다. 도근천과 어시천이 합쳐진 이후의 하천을 경계로 내도와 외도를 나누어 부르고 있는 것이다. 광령천으로 향하는 지점, 즉 월대가 있어 불리게 된 이름인 월대천과는 전혀 다른 하천임을 알 수 있다.

결국 예전의 기록과 지금 현재 지역주민들이 보는 하천은 상당한 차이가 있다. 쉽게 말해 옛 기록에서는 조공천의 상류로 지금의 광령천 즉 무수천이라 불리는 하천을 소개하고 있는데 반해 지역주민들은 지금의 도근천을 지칭하고 있다. 조공천의 상류라는 무수천(광령천)이 말이 난삽하여 '도근천'이라 불렸다는 기록과 달리 마을사람들이 보는 도근천은 다르다는 얘기다. 지금도 제주도의 하천을 소개하는 수많은 글에서 이에 대한 구분이나 언급 없이 광령천을 소개하고 있다. 앞서의 기록을 인용할 때 신중을 기해야 하는 이유가 여기에 있다.

용진각과 장구목

해마다 적설기 때면 한라산과 관련하여 보도되는 기사가 있다. 전국의 산악인들이 한라산 일대에서 훈련을 한다는 내용이다. 2013년 겨울의 경우 당초에는 38개팀 432명이 한라산에서의 적설기 훈련을 신청했었다. 하지만 유독 눈이 적게 내렸을 뿐만 아니라 심지어는 호우특보까지 내려질 정도로 많은 비가 내려 14개팀 120명은 훈련을 포기했다고 한다.

한라산에서 산악인들이 즐겨 찾는 훈련장소는 용진각과 장구목이다. 대개 용진각에 텐트를 쳐 베이스캠프로 삼은 후에 장구목에서 집중훈련을 한다. 그렇다면 왜 이처럼 많은 산악인들이 겨울 한라산을 찾을까. 그 이유는 한라산에서의 적설기 훈련에 나서는 산악인 대부분은 해외의 고산 등반을 목표로 하는데 히말라야를 비롯한 해외의 고산과 겨울 한라산의 환경이 비슷하다는 이유다.

특히 거센 눈보라와 영하 20도를 넘나드는 혹한은 히말라야 등 극지를 탐험하려는 산악인들이 반드시 거쳐야 할 훈련 코스로 정평이 나 있다. 한라산은 그 높이에서도 육지부의 산과 차이가 나지만 산 자체가 바다에 위치한 관계로 고산에서의 기후와 해양에서의 기후가 함께 나타난다.

이와 함께 맑은 날씨였다가 순식간에 바로 눈앞 1미터도 안 보이는 화이트 아웃(white out) 현상이 나타나는 등 겨울 한라산의 날씨는 예측을 불허한다. 화이트 아웃이란 겨울철 악천후에 가스가 가득하여 주변을 구분하기 어려운 상황을 말한다. 공간의 경계 구분이 어려워 행동장애를 초래하는데, 길을 잃어버리기 쉽고, 고산에서는 심한 경우 눈처마를 잘못 밟거나 크레바스 등에 빠질 수도 있다. 한 지점을 중심으로 원을 그리며 헤매는 환상방황도 이런 날씨에서 자주 발생한다. 필자의 경우도 지난 2001년 장구목에서 훈련 중인 산악인들이 눈사태로 매몰되는 사고가 발생했을 당시 체험했다. 1미터 앞의 일행도 보이지 않는 상황이었는데 순간적으로 가스가 트인 상태에서 보니 눈처마 위에 서 있는 모습을 보곤 아찔했던 경험이 있다.

한라산의 눈은 육지부의 눈과 다르다. 흔히 습설이냐, 건설이냐를 따지는데, 한라산의 눈은 습설이다. 건설은 영하 10도 아래로 떨어지는 추운 날씨에 내리는데, 가루 형태로 잘 뭉쳐지지 않는다. 반면 습설은 영하 1도 내외에서 내리는 눈으로 함박눈이 대표적이다. 특히 한라산은 낮에는 온도가 상승하여 진눈깨비가 많이 내리거나 습설이 녹아 옷이 젖으면서 마르기 전에 얼어붙으므로 대비를 철저히 해야 한다. 이 상태에서 바람마저 분다면 치명적이기에 비상의류 등은 필수다.

또 습설은 눈의 겉면이 단단하게 얼어붙은 상태를 말하는 크러스트(crust)도 쉽게 형성한다. 쌓인 눈이 크러스트가 되는 원인으로는 바람이나 햇빛에 의해 나타나는데, 바람의 영향으로 건조한 눈이 굳어진 것은 윈드 크러스트(wind crust), 햇볕에 녹은 후에 굳어진 것은 선 크러스트(sun crust)라 구분하기고 한다. 크러스트 된 눈 위에 다시 신설이 쌓이면 눈사태의 위험이 높기 때문에 주의해야 하는데, 한라산 장구목이 대표적인 장소이다. 이 경우 눈 표면을 오르거나 내려올 때는 킥 스텝(kick step) 기술을 이용해야 한다.

킥 스텝은 설사면을 오르내리는 기술을 말하는데, 설사면을 등산화의 앞 끝과 뒤꿈치로 차면서 발디딤을 만들어 오르거나 내려오는 기술이다. 킥 스텝은 오를 때는 앞 끝, 하강할 때는 뒤꿈치를 이용한다. 눈의 표면이 단단할 경우는 스텝 커팅을 하거나 흔히 아이젠이라 부르는 크램폰(crampon)을 착용해야 한다. 표면이 부드러운 신설이 쌓여 있고 그 밑에 얼음이 단단하게 결빙된 눈 층이 있는 경우 킥 스텝은 오히려 위험하기 때문이다. 산악인들이 장구목에서 오르내리는 연습이 바로 킥 스텝이다.

킥 스텝을 하더라도 경사면에서는 미끄러지기 일쑤다. 이를 슬립이라 부르는데, 한번 슬립 되어 구르기 시작하면 어떠한 숙련된 등산가도 이것을 확실히 정지시키는 확률은 거의 없다고 한다. 해서 슬립이 시작되는 시점에 빙사면에 피켈을 박아야 한다. 이때 실패하면 정지할 수 없기 때문에 꼭 자일로 확보 또는 연결해서 등반해야 한다. 앞뒤 사람이 자일로 연결하는 것을 안자일렌이라 부른다. 이 역시 훈련하기에는 장구목이 적지이다.

한라산 장구목은 눈사태 지역으로도 유명하다. 2001년 이곳에서 적설기 훈련 중인 산악인 3명이 산사태로 목숨을 잃은 곳도 이곳이다. 장구목의 동쪽 사면, 즉 탐라계곡의 용진각으로 내려서는 경사면에서 일어난다. 당시 필자는 구조대원들과 함께 장구목에서 용진각으로 내리는데, 사람 사이의 간격을 20미터 간격으로 늘어서 경사면을 내려갔다. 이때 아주 부득이한 경우가 아니면 말소리를 내지 말라는 경고와 함께. 눈사태는 심할 경우 소리의 진동에 의해서도 발생하기 때문이다. 눈사태의 특성은 한 번 일어났던 지형에서 재발하기 때문에 이곳에서의 겨울 훈련은 항시 눈사태를 염두에 둬야 한다.

한라산에서는 간혹 빙벽훈련도 이뤄진다. 예전에는 주로 영실의 빙폭 세 곳에서 훈련을 많이 했으나 영실은 한라산의 남사면에 위치한 관계로 얼음이 일찍 녹아 버리는 단점이 있다. 그래서 최근에는 탐라계곡의 이끼폭포에서 훈련을 많이 하는데, 탐라계곡은 용진각으로 이어지는 길목이기에 장구목에서의 훈련과

적설기 산행 중인 산악대원들.

한라산 빙폭에서의 빙벽훈련.

더불어 빙벽훈련도 할 수 있는 조건을 갖췄다고 할 수 있다.

장구목은 겨울철 직설기 훈련의 기본이라 할 수 있는 러셀과 글리세이딩 훈련
의 적지이기도 하다. 러셀(russel)은 적설기 등반에서 선두가 깊은 눈을 헤쳐 나
가며 길을 뚫는 방법을 말하는 것으로 눈길 뚫기, 눈 다지기, 눈 헤쳐 나가기 등
으로 불리기도 한다. 적설량이 정강이 이하일 때에는 그냥 걸어가듯이 헤쳐 나
가면 되지만, 무릎 이상 빠질 때에는 무릎으로 눈을 다져 가며 운행해야 한다.
경우에 따라서는 설피나 스키를 활용하기도 한다.

글리세이딩(glissading)은 설사면을 등산화 바닥으로 미끄럼을 지치면서 내려
가는 활강 기술로 장구목 사면을 내릴 때 훈련하게 된다. 글리세이딩에는 스키

장구목 사면에서 훈련 중인 산악인들.

와 같이 선 자세로 활강하는 방법과 앉은 자세에서 엉덩이로 제동하여 내려가는 방법, 무릎을 구부려 쪼그리고 앉아서 내려가는 방법 등이 있다.

지금은 겨울 적설기 훈련의 최적지로 한라산이 각광받고 있지만 그 과정은 순탄치 않았다. 한라산에서의 적설기 등산은 그 시작부터 사망자를 냈던 것이다. 한라산에서의 공식적인 첫 적설기 등산은 1936년 1월 경성제대 산악부에 의해 이뤄진다. 적설기 등산이란 용어는 일본인들이 일반적인 동계 등산과 구분하여 불렀던 말로 스키 기술과 피켈을 주로 이용하는 여러 날에 걸친 등산을 의미한다. 경성제대 산악부는 폭풍설 속에 백록담에서 하산을 시도하다 왕관릉 인근에서 마에가와 도시하루 대원이 실종, 그해 5월에 숨진 채 발견된다. 이어 해방 이후인 1948년 1월에는 한국산악회가 한국인으로는 처음으로 한라산 적설기 등반에 나섰으나 이들 역시 모진 폭풍설 속에 백록담에서 하산을 시도하다 전탁 대장이 조난, 3월에 탐라계곡에서 숨진 채 발견된다. 이후 한라산에서 사망한 산악인 사고의 대부분이 적설기 등산 과정에서 발생한다.

한라산은 우리나라에서 가장 높은 산이지만 저지대에서 보기에는 완만하게 보인다. 해서 산행에 나서는 많은 이들이 쉽게 여기는 경향이 있다. 하지만 평상시는 한없이 자애로운 산이지만 일순간에 영하 20도를 넘나드는 혹한과 한 치 앞도 볼 수 없는 폭풍설 등 무서움도 함께 하고 있음을 늘 잊어서는 안 된다. 만만한 산이 아니라는 얘기다.

무수천과 광령팔경

2012년 제주특별자치도민속자연사박물관에서는 '광령천의 원류를 찾아서'라는 특별전이 열렸다. 2011년 제주지역의 국공립박물관인 민속자연사박물관을 비롯해 국립제주박물관, 제주대학교박물관, 제주교육박물관 등이 광령천에 대한 공동조사를 진행하고 그 결과물을 일반에게 선보이는 자리다. 전시에 앞서 지난 1월에는 공동학술조사보고서를 펴내기도 했다.

학술조사 당시 필자는 조사단에 참여, 학술조사보고서에 광령천의 경관자원과 활용방안에 대한 글을 썼다. 월대에서부터 발원지인 백록담 서북벽에 이르는 하천의 주요 경관들을 소개하는 한편 이들 자원을 활용한 관광자원화 방안에 대해 고민하는 내용이다. 다행히 2010년 9월 개장한 올레 17코스가 광령교에서부터 월대를 거쳐 내도 알작지 해안에 이르는 5.2킬로미터 구간이 광령천을 따라 걷는 길이다. 일정 정도 활용되고 있다는 얘기다.

하지만 아쉬운 부분이 있다. 학술조사보고서에서도 언급했지만 각종 안내책자에 무수천과 월대 정도 소개되고 있을 뿐 그 이외의 경관자원에 대해서는 별다른 언급이 없다. 여행의 경우 아는 만큼 본다고 했다. 경관을 중심으로 한 볼거리 위주의 관광보다는 그 이름과 유래 또는 가치 등에 대해 알려주면 관광객들의 뇌리에 그 기억은 오래가기 때문이다. 실제로 관광학에서 관광자원화의 방법을 소개하며 첫째가 관광자원 소재를 오감에 노출시켜 볼거리화하는 것이고, 두 번째가 해석이나 설명을 가해줌으로써 관광객의 주의를 집중케 하고 의미전달을 도와 그 전에는 무심히 지나쳐 버리던 것이 관광자원이 되게 하는 것이라 말하고 있다.

비가 내린 후 폭포로 변한 진달래소.

　광령천은 한라산 백록담 서북벽에서 발원하여 제주시 해안동, 도평동, 내도동
의 서쪽, 애월읍 광령리와 외도동 월대마을의 동쪽을 흐르는 하천이다. 하류인
외도마을에서는 월대천, 도평과 광령에서는 무수천 또는 광령천, 한라산 지경에
서는 어리목골 또는 와이(Y)계곡이라고 부르는 하천이다. 한라산의 백록담 서북
벽에서 발원하는 남어리목골과 장구목에서 발원하는 동어리목골이 족은드레왓
인근 합수머리에서 합쳐지는데, 이곳의 물을 끌어다 제주시민의 식수원인 어승
생저수지를 만들었다. 또 다른 한 갈래는 영실의 불래오름 인근에서 발원하는데
천아오름 인근에서 하나로 합해진다.
　여기에서는 중류에 해당하는 광령리 지경의 무수천 일대만을 소개하고자 한
다. 무수천(無愁川)이란 울창한 숲과 깎아지른 절벽으로 인해 자신도 모르게 속
세의 근심을 잊게 된다고 하여 붙여진 이름이다. 이와는 달리 머리가 없다는 의
미의 무수천(無首川), 물이 없는 건천이라는 의미의 무수천(無水川), 분기점이
많다는 의미의 무수천(無數川) 등으로 표기되기도 한다.
　문헌상 무수천(無愁川)이라는 명칭이 나타난 것은 1653년(효종 4년) 8월에 제
주목사 이원진과 전적 고홍진(高弘進)이 편찬·간행한 제주의 역사지리서인 『탐
라지(耽羅誌)』가 처음이다. 여기에 보면 "무수천(無愁川)은 주 서남 18리에 있으
며 조공천의 상류이다. 냇가의 양쪽 석벽이 기괴하고 험하여 경치 좋은 곳이 많
다"라고 돼 있다.
　광령천의 아름다움은 예로부터 유명했는데, 하천의 중류에 해당하는 무수천

을 노래한 시가 남아 당시를 대변해 준다. 이원진 목사의 「무수천가찬시(無愁川佳讚詩)」다. "남악(南嶽)에 높이 올라 대폿술 마시고/ 냇길 따라 내려오니 흥이 절로 새로워라/ 들국화는 만발하여 예와 같으니/ 한 동이 술이 두 중양(重陽)을 이루네."

이와는 별도로 조공천에 대한 기록 등에서도 상류지역인 무수천에 대해 언급하고 있는데, "상류에 폭포가 있어 수십 척을 비류(飛流)하고 물이 땅속으로 숨어 흘러서 7, 8리에 이르면 다시 암석 사이로 용출(湧出)하여 드디어 큰 내를 이루었다. 내 밑에 깊은 못이 있는데 거기 물체가 있어 그 모양이 달구와 같으며 잠복변화(潛伏變化)하여 사람에게 보물로 보이고 못 가운데 놓여 있다"가 그것이다. 폭포와 다양한 모습의 안석, 용천수, 못 등이 소개되고 있는데, 실제로 광령천에는 다른 하천과는 비교될 정도의 수많은 폭포(경사급변점)와 온갖 형상의 바위들이 존재한다.

그중 대표적인 것이 광령팔경이다. 광령팔경은 제주에는 빼어난 절경으로 널리 알려진 '영주십경'에 빗댄 표현으로 무수천이 그만큼 아름답다는 의미를 담

무수천 전경.

고 있다. 광령팔경과 관련하여 광령리 출신의 한학자인 광천 김영호(光泉 金榮浩 1912-1987)의 「무수천 팔경가」가 전해지고 있다. 광령교 다리를 중심으로 위아래에 각각 네 개씩 분포하고 있다.

광령팔경은 해발 200미터 지경에 위치한 제1경인 보광천(오해소)을 시작으로 100-200미터 간격으로 고지대로 올라가면서 제2경 응지석, 제3경 용안굴(용눈이굴), 제4경 영구연(들렁귀소), 제5경 청와옥(청제집), 제6경 우선문, 제7경 장소도, 제8경 천조암 등이 이어진다. 광령팔경 외에 예전 멧돼지가 산에서 내려오는 길목이었다는 돈내통의 명사(모래)와 인수교의 은파(은빛 파도)를 더해 광령십경이라 부르기도 한다.

제1경 보광천(葆光泉)은 속칭 '오해소'라고도 불리며, 영주십경의 운치에 따르면 광천오일(光川午日)이다. 광령리 동북쪽 마을인 사라마을에서 400여 미터 상류로 올라가면 계곡 좌우로 병풍처럼 석벽이 둘러서 있는데 그 너머가 보광천이다. 전에는 숲이 무성해 오시(午時 오전 11시-오후 1시)에 잠깐 햇빛이 든다고하여 '오해소'라 불렸다고 전한다.

제2경 응지석(鷹旨石)은 일명 '매 앉은 돌' 또는 '매머를'이라고도 한다. 광령팔경의 운치에 따르면 응지석월(鷹旨石月)이다. 옛날에는 매가 자주 날아와 앉았다 하여 '매머를'이라 불렸다. 보광천에서 상류로 200미터에 위치하고 있으며 하천 서쪽으로 높이가 10미터 넘는 커다란 바위가 버티고 있는 형상이다. 이곳에서부터는 물이 사시사철 마르지 않는데 상류로 올라가기 위해서는 수영을 해야만 한다.

제3경 용안굴(龍眼窟)은 일명 '용눈이굴' 또는 일전용안(日田龍眼)이라고 한다. 무수천 광령교에서 북쪽으로 500미터쯤의 지경에 있다. 석벽으로 자연동굴을 이룬 형체라 형상이 수려하고 장엄하다. 실제 굴의 깊이는 채 10미터도 되지 않는데 울창한 난대림과 어우러져 더욱 깊은 느낌을 준다. 도로에서 계곡으로 내려가는 계단이 만들어져 여름철에는 많은 이들이 이 주변에서 물놀이를 즐긴다. 특히 계단이 끝나는 부분, '일왓'이라 불리는 곳에 샘이 있어 사시사철 물이 흐르는 곳이다.

제4경 영구연(瀛邱淵)은 일명 '들렁귀소'라 불리는 곳으로 평화로가 시작되는

위 왼쪽부터 시계방향으로 보광천, 응지석, 영구연, 용안굴.

지점인 광령교 바로 북측에 위치한 소(沼)이다 이 소에는 예로부터 사람을 제물로 바치게 해서 받아먹는다는 의미의 '서먹는다'는 전설이 있는데 최근까지도 여러 사람이 투신 자살한 곳이다. 특히 비가 내려 하천의 물이 넘칠 때 폭포가 장관을 이루는데 이를 '영구비폭(瀛邱飛瀑)'이라 한다. 예전에는 물이 매우 깊어 쇠앗배 12장을 감추고 3년 가뭄에도 바닥을 드러내지 않는다는 말이 전해지는 곳이지만 지금은 움푹 파이기만 했을 뿐 가뭄에는 바닥을 드러낸다.

요즘 여기저기서 스토리텔링의 필요성이 자주 언급되고 있는데, 스토리텔링 이전에 기본 정보만이라도 제대로 알리자는 얘기다. 예를 들면 제주올레사무국의 홈페이지나 제주시청, 관광협회 등 관련기관의 사이트에서 소개하는 방법을 찾을 필요가 있다. 이와 함께 현장에서의 안내도 필요한데, 혹 설명을 담은 안내판이 주위 경관에 거슬린다면 해당지점의 한쪽 구석에 QR코드를 부착하는 것도 한 방법이다. 나아가 요즘 트렌드인 웰빙(well-being)으로의 활용방안도 고려해 볼 수 있다. 근심걱정이 없다는 무수(無愁)보다 더 큰 웰빙이 무엇이란 말인가. 엄청 좋은 자원이 있음에도 제대로 활용하지 못하니 답답해서 하는 말이다.

붕괴되는 백록담

현재 한라산에서 훼손이 가장 급격하게 진행되는 곳은 예전 등산로로 이용됐던 서북벽을 비롯해 북쪽의 외륜이라 할 수 있다. 그 다음으로 서쪽과 남쪽의 외륜도 빠르게 훼손 면적이 늘어나고 있다. 이들 지역의 공통점은 조면암지대로 풍화현상, 즉 나무의 껍질이 벗겨지듯 나타나는 박피현상에 의한 훼손이다.

백록담 서북벽은 해방 이후 1980년대 중반까지 백록담에 오르는 거의 대부분의 등산객들이 애용하던 코스였다. 1954년 9월 4·3사건이 마무리되며 한라산이 개방된 이후 서북벽의 급경사 바위지대를 깎아내 계단을 만들면서 등산로가 개발돼 훼손으로 폐쇄된 1986년 4월 말까지 이용됐다.

서북벽 등산로가 개설되자 그 이전에 백록담에 오르던 코스, 즉 관음사 코스로 왕관릉을 거쳐 동릉에 오른 후 남벽으로 해서 영실에 이르던 등산 관행이 서북벽을 이용하는 코스로 바뀌게 된다. 그만큼 시간이 단축되며 백록담이 가까워진 것이다. 특히나 1973년 1,100도로가 완공되면서 한라산 등반객이 가장 많이 몰리는 곳으로 변한다.

이후 많은 등산객이 몰리자 1979년 5월 한라산 보호와 등산 질서유지, 안전을 고려해 5개 등산로 가운데 관음사와 돈내코 코스는 하산만 허용하고 5-6월 중 휴일에는 서북벽 코스를 이용한 정상등반에 정오까지는 등산만, 오후에는 하산만 가능토록 하는 시차제까지 적용된다.

급기야 1986년 5월부터는 훼손이 심한 서북벽 코스에 대한 출입통제조치가 취해지고 남벽 코스로 대체 등산로가 개설된다. 하지만 이 또한 철저한 검증작업 없이 개설하는 바람에 백록담 남벽마저 돌이킬 수 없게 훼손, 개설한 지 8년 만인 1994년 7월 폐쇄되는 악순환이 반복된다.

1987년 9월 3일에는 태풍 다니너가 북상하며 백록담에 최대풍속 45미터에 400밀리가 넘는 폭우가 쏟아져 서북벽 일대와 분화구 동남쪽이 유실되는 산사태가 발생한다. 또 동릉에는 대형 암석이 쓰러지며 주변 400제곱미터가 완전히 망가지고 구상나무 100여 그루가 뿌리를 드러낼 정도였다.

1992년 2월 서북벽은 많은 비가 쏟아지며 경사면이 쓸려나가 복구불가능 상태에 이르게 된다. 1980년대까지만 하더라도 시내에서 백록담을 보면 탐라계곡과 화구벽이 별개로 보였는데 1992년의 붕괴 이후 하얀 속살이 시내에서도 볼 수 있을 정도로 훼손돼 도민들의 가슴을 아프게 하고 있다. 마치 탐라계곡이 백록담까지 이어지는 느낌마저 들 정도다.

백록담의 훼손은 서북벽을 비롯한 등산로만의 문제가 아니다. 1970년대 초반부터 백록담에서 등산객들이 야영을 하면서 많은 문제점을 노출시켰는데 1974년 8월에는 백록담에 채소밭을 만들어 자연을 훼손했던 제주시 모 교회 목사가 입건되기도 했다. 조사 결과 이 목사는 교회 신도들과 백록담 분지에 기도장을

2006년 산사태로 붕괴된 동릉의 안쪽 사면.

부서진 바위가 너덜지대를 이루고 있는 남벽 구 등산로.

만들면서 부근의 구상나무 가지를 자르고 잔디를 파서 채소를 심기까지 했다.

1975년 8월에는 백록담에 몰려든 등산객들이 야영을 하며 음식물과 쓰레기를 마구 버리고 심지어는 목욕과 빨래까지 하는 바람에 훼손되고 있다는 기사가 나오기도 했다.

1976년 8월에는 한라산 보호문제로 부심해 온 제주도가 적극적인 보호캠페인과 단속, 관리기구 일원화 등은 주요 내용으로 하는 종합대책을 마련하는데 대피소에 관리인을 두고 주변의 청소와 환경보호 책임을 지도록 했다. 이와 함께 등산객에 대한 통제조치로 삽, 곡괭이, 톱, 칼 등을 휴대하지 못하도록 하였고, 버너 이외의 취사행위나 백록담 분화구 내에서의 야영을 일체 금지시켰다.

이어 1978년 1월 제주도는 한라산 자연보호를 위해 백록담에서의 야영 및 집단행사를 금지시키는 한편 5개 코스 이외의 입산행위를 단속하게 된다. 결국

풍화에 따른 암벽 붕괴 현상이 진행된 백록담의 서쪽 조면암지대.

1978년 9월 1일부터 백록담 분화구에 대한 출입이 금지됐다. 하지만 백록담 분화구 출입금지조치 이후 등산객들이 정상을 중심으로 화구 둘레에 장시간 머물면서 1979년 5월에는 이 일대 식물들이 훼손되는 등 새로운 문제점으로 지적되기도 했다.

현재 백록담에 올라보면 등산객들에게 등반을 허용하는 동릉의 남쪽 분화구 안쪽에 산사태로 깊게 패인 흔적이 남겨져 있다. 지난 2006년 5월 18일 백록담 동릉과 남벽 사이 능선에서 산사태가 발생 5-6미터 내외의 바위가 분화구 안쪽으로 구르며 붕괴현상이 발생한 곳이다. 동릉 정상부의 능선에서 분화구 안쪽 사면 40-50여 미터까지 바위 4-5개가 구르며 토양이 유실돼 깊이 1미터 가까이 패인 상태로 굴러 떨어진 작은 바위들에 의해 나뭇가지가 부러지는 등 식생이 크게 훼손됐다.

당시 한라산에는 진달래밭에 564밀리, 윗세오름에 525.5밀리의 폭우가 쏟아지며 5월 중 1일 최다강수량 기록을 경신하는 등 지반이 약화된 상태에서 태풍인 '짠쯔'가 북상하며 강한 저기압이 발생, 또다시 한라산 성판악 등에 145밀리의

하얀 속살을 드러낸 백록담 북쪽의 외륜.

집중호우가 내리자 붕괴된 것이다. 이와 관련 현장에서 조사활동을 벌인 중앙문화재위원들은 자연적인 재해인 만큼 인공적인 복구는 필요치 않다는 입장을 보이기도 했다.

백록담의 암벽 붕괴문제와 관련해 관리당국은 2005년 제주대와 부산대, 난대산림연구소 등에 용역을 의뢰하기도 했는데, 연구 결과 백록담 동쪽의 조면현무암 분포지역은 암벽의 안전성이 유지되는데 반해 서쪽 지역은 백록담 조면암이 암석 내부에서 균열이 드러나는 등 심각하게 풍화된 상태라는 진단을 받는다.

이때 연구진은 백록담 북쪽 지역의 암반 붕락에 의해 분화구의 모습이 없어지는 것을 방지하기 위해서는 암벽 내부에 암반 블록의 결속력을 높이는 방법으로 고강도 텐션네트 공법을 적용해야 한다고 제안하기도 했다. 고강도 텐션네트 공법은 끌어 주는 강도가 높은 텐션네트를 암벽에 밀착시키고 락볼트 등을 이용해 전체의 암반 블록들은 하나로 묶는 것으로 표면에서의 낙석 현상을 방지하고 암벽 내부의 깨짐에도 대처할 수 있다고 밝히기도 했다.

하지만 백록담이라는 상징성 때문에 신중을 기해야 한다는 반론도 만만치 않아 실시 여부는 뒤로 미뤄진 채 오늘에 이르고 있다. 백록담 암벽의 붕괴를 바라보는 시각은 상반된다. 자연현상이므로 그대로 놔둬야 한다는 입장과 현시점에서 더 이상의 붕괴를 방지하기 위한 조치를 취해야 한다는 입장이 그것이다. 어쨌거나 현상태가 반복될 경우 백록담 북쪽 사면이 무너지며 탐라계곡 방향으로 뚫릴 수도 있다는, 현재의 둥근 백록담의 모습은 사라질 수도 있다는 우려의 목소리에 귀를 기울여야 할 시점이다.

백록담 담수량

지독한 날씨였다. 사상 유례없는 가뭄에 연일 계속되는 폭염으로 제주가 타들어갔다. 기상청의 자료를 보니 2012년 7월 한 달간 제주는 평년의 10분의 1 수준의 강수량을 기록했다고 한다. 제주시의 경우 단 14.7밀리에 불과했다. 1923년 기상관측이 시작된 이후 7월 중 가장 적은 강우량이라고 한다. 이는 평년 강수량 274.9밀리의 6퍼센트 수준으로 종전 기록인 1942년의 15.5밀리도 갈아치웠다. 고산의 경우는 더더욱 심해 평년의 2.2퍼센트인 6.1밀리에 그쳤다.

한라산 백록담도 물이 말라 바닥이 거북등처럼 갈라졌다. 백록담의 경우 예전에도 마르는 경우는 있었지만 2012년처럼 장기간에 걸쳐 바닥을 드러낸 경우는 그리 흔치가 않았다. 그렇다면 예전의 백록담은 항시 물결이 넘실대는 호수의 모습이었을까. 옛 기록에 나오는 백록담 수량에 대한 이야기를 살펴보자.

기록을 보면 항시 물결이 넘실대는 깊은 수심은 아니었던 것 같다. 구분하면 산정부를 비롯한 백록담 화구벽에서 본 사람들은 깊이를 알 수 없을 정도라는 제주 사람들의 이야기를 소개하며 깊게 표현하고 있으나 화구호 안의 물이 있는 곳까지 내려갔던 사람들은 깊어야 허리까지 차는 수심을 정확하게 표현하고 있다. 그럼에도 하나같이 높은 산정에 호수가 있고, 물이 찰랑대는 모습에는 감탄을 금치 못했다. 오죽했으면 김상헌처럼 "선경에 다시 오기 어려우니/ 해 진다고 돌아가자 재촉일랑 하지 마오"라고 노래하고 있을 정도다.

한라산 산행의 최초 기록자인 임제는 "아래를 굽어보니 물은 유리와 같이 깊고 깊이는 측량할 수가 없었다"라고 말하고 있다. 1694년 부임해 1696년까지 제주목사로 재직했던 이익태가 남긴 〈제주십경도〉에서도 백록담에 대한 소개글에서 "맨 꼭대기는 하늘에 높이 솟아 돌이 둥그렇게 둘려 있는데, 주위가 약 10리이다. 그 가운데가 마치 솟과 같이 무너져 내려갔는데 그 안에 물이 가득하다"라고 설명하고 있다.

하지만 1601년 김상헌의 기록은 다르다. "가운데에 두 개의 못이 있다. 얕은 곳은 종아리가 빠지고 깊은 곳은 무릎까지 빠진다. 대개 근원이 없는 물이 여름에 오랜 비로 인하여 물이 얕은 곳으로 흘러가지 못하고 못을 이룬 것이다"라고 했다. 이어 옛 기록을 언급하면서 깊이를 헤아릴 수 없다고 했는데 이는 잘못 전해진 것이라 평가하기도 했다. 나아가 임제의 기록에 대해 백록담 밑으로 내려가지 않고 정상부에서 내려다본 모습이기에 깊게만 보인 것이라고 기록의 잘못을 지적한다.

1609년 김치(金緻) 판관 역시 가운데에 못이 하나 있는데 깊이는 한 길 남짓이라 했고, 이형상 목사는 "수심은 수길(丈)에 불과하다. 옛 기록에 깊이를 헤아릴 수 없다고 하였는데 잘못 전해진 것이다. 물이 불어도 항상 차지 아니하는데 원천(샘)이 없는 물이 고이어 못이 된 것이다. 비가 많아서 양이 지나치면 북쪽 절벽으로 스며들어 새어나가는 듯하다"라고 하였다.

1680년 백록담에 올랐던 이증은 『지지(地誌)』를 인용해 "깊이를 헤아릴 수 없고 사람이 시끄럽게 하면 비바람이 사납게 일어난다"라고 했는데, 실제로 보니 깊은 곳이라야 겨우 한 장(丈, 약 3미터)이고 여름철에 빗물이 새어 나갈 곳이 없으니 모아져서 연못이 되는 것이라 풀이하고 있다. 그리고는 가뭄에는 바짝 마른다는 설명과 더불어 어찌 옛날이라고 얕지 않았겠느냐 반문하고 있다.

이원조도 "물은 겨우 정강이를 적시는 얕은 경우가 전체 바닥의 5분의 1"이라 기록하여 깊지 않음을 설명하고 있다. 겨울철에 한라산을 등반한 최익현의 경우는 "물이 반이고 반이 얼음이다. 홍수나 가뭄에도 물이 불거나 줄지 않는다고 한다. 얕은 곳은 무릎까지, 깊은 곳은 허리까지 찼다"는 표현을 하고 있는데 허리까지 물이 찼다면 비교적 물이 많이 있을 때 올랐음을 알 수 있다.

1900년대 들어서도 기록자들마다 상황이 틀린데 먼저 1901년 젠테 박사는 큼직한 웅덩이보다 약간 더 큰 작은 호수로, 1937년 이은상은 "정상 함지에 대소 두 개로 돼 있는데 그 규모로나 수량으로나 저 유명한 백두산 천지에는 비견할

바닥을 드러낸 백록담(위)과 만수 때 모습.

것조차 못된다. 고산의 정상에 못이 있다는 그 기이함에는 백두산과 뜻을 같이 한다. 남북에서 쌍벽을 이룰 만하다"라고 그 의미를 설명하고 있다.

옛 사람들의 기록에서도 알 수 있듯이 백록담은 그리 깊은 호수가 아니다. 물이 많이 말라 버린 시기에 올랐을 가능성도 있지만 백록담 분화구 아래로 내려가 직접 확인한 사람들의 기록에서는 하나같이 깊어야 허리까지 차는 정도라고 구체적으로 설명하고 있다. 여기에서 의아하게 여길 수 있는 부분이 못이 두 개라는 표현인데 이는 물이 말라 가는 과정에서 약간 높은 가운데 부분으로 인해 두 개로 나뉘어 보이는 것이라면 이해가 된다.

백록담 물의 깊이와 관련하여 예전, 그러니까 1970년대 이곳에서 수영하다 사망한 사고를 예로 들면서 깊었을 것이라 말하는 이들도 있다. 하지만 이는 물이 깊기 때문에 빠져 죽은 게 아니라 심장마비에 의한 사고로 봐야 한다. 해발고도를 감안하지 않은 무리한 물놀이의 결과라는 것이다.

그럼에도 불구하고 예전보다 백록담의 물의 예전보다 빨리 마르고, 또 바닥을 드러난 날이 그만큼 많아졌다는 입장에는 모두들 같은 생각이다. 실제로 많은 비가 내려 물이 가득했다 가도 하루하루 물이 빠지는 모습을 육안으로 확인할 수 있다. 물이 고였던 부분에 흔적이 남는데 순식간에 빠져나간다는 것이다.

이와 관련하여 지난 20여 년간 몇 차례의 조사를 진행한 적이 있었다. 먼저 1992년 '백록담의 담수적량 보존' 용역에서는 담수 유출의 원인으로 북서쪽 벽의 하부와 분화구 중심부에 발달한 파쇄대 기반암의 균열현상으로 분석했는데 증발이 2퍼센트, 누수 98퍼센트라는 것이다. 그리고는 갈수기에 분화구 내의 퇴적물을 제거한 후 기저부에 콘크리트와 유사한 방수막을 피복하는 방안을 제시한 바 있다. 발표 당시 많은 논란이 빚어져 아직까지 그 용역 결과에 따른 세부사업은 추진되지 않고 있다. 결국 용역비만 날린 셈이다.

이후 2005년의 용역보고에서는 백록담 훼손에 따른 경사면 토사의 유출로 토사가 쌓이면서 비가 토양에 닿자마자 스며들어 마르는 현상이 나타난다고 분석했다. 대책으로는 1950년대 바닥층인 1840미터 지점 위에 쌓인 토양을 걷어내면 예전의 물높이를 유지할 수 있다는 입장이었다. 하지만 이 또한 실제 집행에 이르지 못하고 용역에 그치고 만다. 무엇보다도 백록담이라는 상징성 때문에 쉽게 건드리지 못했던 것이다.

한편 2005년 한라산연구소에서 조사한 바에 따르면 백록담의 최대 깊이는 216.6센티미터로 확인됐다. 그리고 최대 수위능력을 갖는 지점에서의 담수수위가 200센티미터 이상 유지된 기간은 3일, 150-200센티미터가 39일, 100-149센티미터가 35일, 50-99센티미터가 56일, 50센티미터 미만은 98일로 조사됐다. 백록담 바닥을 드러낸 고갈일수도 37일에 달했다.

그렇다면 한라산 백록담에는 항시 물이 가득 차 물결이 넘실대야만 제 멋일까? 옛 선인들도 지적했지만 백록담의 물은 비가 내렸을 때 모여드는 지표수이다. 샘이 있으면 지속적으로 물이 공급될 수 있지만 백록담 내부에는 샘이 없다. 당연히 시간이 경과하면 마를 수밖에 없다는 이야기이다.

참고로 백두산 천지의 경우는 62퍼센트가 샘에서 솟아나는 지하수이고 빗물이 30퍼센트 그 외의 유수 등으로 형성돼 항시 물이 넘쳐나는 것이다. 우리는 천지를 연상하며 백록담도 거기에 빗대어 비교하려는 경향은 없는지 반문해 볼 필요가 있다. 백두산 천지는 천지이고, 한라산 백록담은 백록담으로 남을 때 그 가치가 있는 것임을 알아야 한다.

거북등을 드러냈을 때의 백록담도 백록담이고 만수위를 기록했을 때의 백록담도 백록담이다. 물론 거북등처럼 마른 바닥을 보이는 것보다는 넘실대는 물결을 보는 것이 더욱 신비경을 자아내는 것도 사실이지만 이 또한 인간의 부질없는 욕심이다.

한라산 상봉과 절정

한라산 백록담에 오른 사람들이 의아해 하는 게 있다. 한라산의 높이가 1,950미터라 알고 있는데, 팻말을 보니 1,933미터로 그렇다면 실제 정상은 어디인가 하는 것이다. 그리고는 백록담이라 할 경우 분화구 안의 못을 지칭하는 것으로 한라산 정상을 따로 부르는 이름은 없느냐는 것이다.

먼저 백록담에 대해 소개한다면 화산 폭발로 만들어진 산정화구호다. 화구의 능선 둘레는 1.72킬로미터, 동서측 약 700미터, 남북측 약 500미터인 타원형 구조로 그 넓이가 21헥타르(6만 3천 평)가 조금 넘는다. 1992년 한라산국립공원 관리사무소에서 조사한 바에 따르면 분화구 바닥면의 해발고도가 1,839미터로 관측돼 화구호의 깊이는 최대 111미터에 달하는 것으로 나타났다. 백록담의 높이 1,950미터는 서쪽 정상의 높이이고, 현재 등산객들이 오르는 동릉은 이보다 17미터 낮은 1,933미터이다. 행정구역상 소재지는 제주도 서귀포시 토평동 산 15번지다.

그렇다면 백록담이라는 이름 외에 정상부를 지칭하는 다른 이름은 없는 것일까. 한라산 등반기를 처음으로 남긴 임제의 기록을 보면 절정에 도착했다는 말로 정상에 올랐음을 알리고 있다. 이어 내릴 때는 상봉을 따라 내렸다는 표현을 쓰고 있는데, 당시까지만 하더라도 백록담이라는 이름이나 이외 별도의 이름이 있는 것이 아니라 그저 절정(絶頂), 상봉(上峰) 등으로 불렸음을 알 수 있다. 백록담에 대한 설명에서 단순하게 못이라 표현하는 데서도 느낄 수 있다. 여기서 절정이란 산의 맨 꼭대기를, 상봉은 가장 높은 봉우리를 이르는 보통명사다.

이어 1601년 김상헌의 기록 역시 절정이라는 표현과 함께 백록담이라는 이름

동릉에서 보는 백록담 전경. 맞은편인 서쪽이 정상이다.

대신 그저 담(潭)이라는 표현을 쓰고 있다. 정상부에 대해서는 봉우리의 머리라
는 의미로 봉두(峰頭) 또는 절정이라는 말로 대신하고 있다. 흰 사슴을 탄 신선
이야기를 소개하면서도 백록담이라는 이름은 보이지 않는다. 김상헌이 인용한
『지지』에도 "봉우리의 꼭대기에 못이 있어 마치 물을 담은 그릇을 닮았기 때문
에 두모악(豆毛岳)이라 불리게 됐다"는 설명으로 대신하고 있다. 어쩌면 정상의
모습을 설명한 두모악이라는 표현이 한라산 꼭대기에 어울리는 표현인지도 모
를 일이다.

　김치의 기록 역시 크게 다르지 않다. 정상에 오르고는 이름 대신 소위 상봉이
라는 표현이 그것이다. 그리고는 절정의 꼭대기에 도착한 후 혈망봉(穴望峰)을
마주하여 앉았다고 했다. 혈망봉과 관련해서는 봉우리에 하나의 구멍이 있는
데, 이를 통해 바라볼 수 있기 때문에 붙여진 이름이라 소개하고 있다. 백록담이
라는 이름은 이때 비로소 등장하는데, 세속에서 전해지기를 신선들이 흰 사슴을
데려와 이곳에서 물을 먹였기 때문이라 설명하고 있다.

　혈망봉과 백록담에 대해서는 이형상의 기록에서 보다 구체적으로 설명된다.
즉 산봉우리에 구멍이 한 개 있으니 운천(雲天, 구름과 하늘)을 엿볼 수 있다는
문장과 더불어 깊이가 800척이나 되는데 그 아래 백록담이 있다는 내용이다.

그렇다면 혈망봉이란 어느 부분을 말하는 것일까. 이원조의 『탐라지』 형승조에 의하면 "혈망봉: 백록담 남변 봉우리에 있다. 봉우리에는 한 구멍이 있어서 이를 통해 바라볼 수 있으므로 붙여진 이름이다. 조금 동쪽에는 방암이 있는데 그 모양이 네모반듯해서 마치 사람이 깎아 만든 것 같다"라는 설명이 있다.

당시 사람들은 거의 대부분이 남벽을 통해 정상으로 오른 후 지금의 동릉으로 이동했다. 한라산의 최고지점은 서쪽에 위치하지만 동쪽으로 향했던 것이다. 동릉에만 수많은 마애명이 존재하는 것과 무관하지 않다. 절정에 오른 후 곧바로 혈망봉에 대한 언급이 있는 것으로 보아 남쪽 봉우리에 위치하고 있음을 가늠케 하는 부분이다.

정상과 백록담을 동일시하는 표현은 이원조의 기록에서부터다. 이원조는 가마를 재촉하여 백록담에 올랐다는 표현을 쓰고 있는 것이다. 더불어 백록담은 정상의 높은 곳에 있다는 설명까지 덧붙이고 있다. 하지만 정상의 봉우리를 설명하는 부분에서는 실제와 다르게 이야기하고 있는데, 사면이 벽으로 둘러싸여 있는데 남쪽과 북쪽이 높고, 동쪽과 서쪽이 조금 낮다는 내용이다. 백록담에 오른 독자들은 알겠지만 한라산 정상 분화구는 서쪽이 가장 높고 그 다음 동쪽, 남쪽, 북쪽 순이다.

이원조와는 달리 최익현은 한라산의 최고지점에 대해 정확히 짚고 있다. 서쪽의 최고지점으로 향했는데, 이곳이 절정, 즉 정상이기 때문이라는 것이다. 요즘 말하는 백록담, 즉 정상부에 대해서는 최익현 역시 상봉이라는 표현을 쓰고 있다. 예컨대 비로소 상봉이 보인다거나, 북쪽의 우묵한 곳에 당도하여 굽어보니 상봉이라는 표현이 그것이다. 백록담에 대해서는 "가운데가 아래로 함몰된 곳이 있으니 백록담"이라는 표현으로 못을 지칭하고 있다. 이렇게 보면 상봉이라 할 때는 백록담 좌우의 능선 전체를 아우르는 것이고, 백록담이라 할 때는 분화구 안의 못을 표현하고 있음을 알 수 있다.

최익현은 백록담의 북쪽으로 올라 분화구 안쪽으로 들어갔다가 다시 서쪽 정상 부분을 거쳐 남벽으로 내렸다. 서쪽의 정상에서 "북쪽으로 1리쯤 떨어진 곳에 혈망봉과 옛 사람들의 각명이 있다지만 시간이 없어 가지 못했다"는 표현으로 볼 때 동릉까지 가지 못한 것으로 추정된다. 그럴 경우 동릉의 분화구 안쪽

고사목과 백록담.

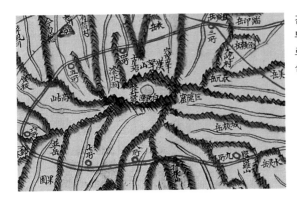

김정호의 〈동여도〉 중 백록담 부분. 백록담의 못과 그 주위로 혈망봉, 십성대, 거은굴, 삼수동 등의 지명이 보인다.

사면에 있는 최익현의 마애명은 뒷날 누군가가 대신 새긴 것이라 여겨진다.

최익현은 절정에 대한 이름을 구체적으로 언급하지는 않았지만 백록담 주변 지형의 특징을 상징적으로 말하고 있다. 즉 동대(東臺), 서정(西頂), 남애(南崖), 북암(北巖)이라는 표현이 그것이다. 해석하면 동대란 동릉의 평평한 모습을 이르는 말이고, 서정이란 제일 높은 곳인 서쪽 정상을, 남애란 남벽의 벼랑을, 북암이란 북쪽의 암벽지대를 가리키는 것이다.

한편 옛 지도와 그림들 중 백록담 주변의 지형을 비교적 소상하게 그림 작품들이 몇 점 있는데 혈망봉이 등장하는 것으로는 김정호의 〈대동여지도〉를 들 수 있다. 1861년 제작된 〈대동여지도〉에는 물이 고인 백록담과 더불어 그 북동쪽에 혈망봉, 북서쪽에 십성대를, 동쪽에는 거은굴, 서쪽에 삼수동을 각각 표시했다. 필사본인 〈동여도〉에도 마찬가지다. 기록에 나와 있는 백록담의 남벽 봉우리가 아닌 북동쪽에 표시돼 있다는 차이가 있다.

이보다 앞서 1709년 제작된 〈탐라지도병서〉에는 동암과 서암이 나타나고 있는데, 동암과 서암은 1770년 호남의 실학자 위백규가 제작한 『환영지』의 〈탐라도〉라는 그림에 이어 1899년의 『제주군읍지』에 수록된 〈제주지도〉에서도 등장한다. 동암과 서암에 대한 표기는 없지만 18세기 제작된 〈제주삼읍도총지도〉에는 백록담 분화구와 더불어 서쪽 봉우리를 높게 그려 동쪽보다 서쪽이 높음을 보여주고 있다.

지도가 아닌 그림의 경우에는 백록담 주변을 보다 상세하게 표현하고 있는데 대표적인 것이 〈제주십경도〉〈제주도도〉, 윤제홍의 『학산구구옹첩』 등이다. 즉 19세기에 제작된 제주도도 백록담 그림에는 분화구 안 백록담과 북쪽 능선에 구봉암과 한라산 후면 주봉을, 동북 사면에 황사암을 그리고 있다. 그리고 1844년 제작된 윤제홍의 『학산구구옹첩』〈한라산도〉에는 분화구의 백록담과 북쪽에 한관봉, 구봉암을, 동쪽에는 조씨 제명(조씨의 마애명)과 일관봉, 서쪽에 월관봉의 위치를 보여준다.

한때 일부에서 한라산 정상의 이름을 별도로 불러야 한다는 주장을 펴기도 했었다. 현재 부르고 있는 백록담이라는 이름이 정상을 지칭하는 것이 아닌 정상 분화구의 못을 말하는 것이기에 꼭대기를 부르는 이름이 있어야 할 것이 아니냐는 얘기다. 그리고는 그 대안으로 혈망봉이라 부르자고 제안하기도 했었다.

하지만 앞서 살펴보았듯이 혈망봉이라는 이름도 보편화된 이름은 아니다. 일부의 자료에 언급되고 있을 뿐, 전체적으로 그렇게 불리지 않았다는 얘기다. 더욱이나 그 위치의 경우도 구체적으로는 백록담의 남쪽 능선을 말하고 있어 절정인 서쪽도 아니다. 그렇다고 상봉 전체를 아우르기에도 한계가 있다.

한라산 정상을 아우르는 이름을 부르자는 취지를 이해하지 못하는 바는 아니지만, 그렇다고 성급하게 추진해서도 안 된다. 정확한 고증작업과 더불어 도민 사회의 공감대를 얻는 일이 우선되어야 한다.

케이블카 논쟁 40년사

2012년 7월, 환경부 국립공원위원회가 지난 10년간 지속되었던 몇 군데 국립공원의 케이블카 논쟁에 종지부를 찍었다. 한려해상 1곳을 제외한 지리산과 설악산, 월출산 등 6곳의 케이블카 계획에 대해 모두 '부결' 결정을 내린 것이다.

환경부에 케이블카 건설을 신청한 곳은 모두 7곳이다. 국립공원 지역으로는 지리산의 경우 구례군과 남원시, 산청군, 함양군 등 4곳에서 신청을 했고, 설악산은 양양군에서, 월출산은 영암군에서 각각 케이블카를 개설하겠다고 신청한 것이다. 유일하게 통과된 한려해상(사천)은 출발지와 도착지가 모두 국립공원 밖이고 케이블카가 상공으로 통과하는 바다 구간 300미터만 국립공원이다.

그렇다면 왜 지난 40여 년간 논란이 벌어졌던 제주에서는 이번에 한라산에 케이블카를 설치하겠다는 신청을 하지 않았느냐 하는 의문을 갖게 된다. 실제로 필자에게 그러한 내용을 문의하는 주변 지인들이 없지 않았다. 가장 최근에 한라산에 케이블카 설치 여부를 놓고 논란을 벌인 것은 불과 2년 전이었다. 그리고 당시 수많은 토론의 결과 설치 불가로 결론을 내림에 따라 행정당국이 이를 수용한 것이다. 환경부 국립공원위원회가 아닌 제주도 자체에서 합리적 결론을 도출한, 갈등 해결의 대표적인 사례로 꼽는다.

당시 상황을 보다 구체적으로 알아보자. 제주 사회를 찬반양론으로 달구었던 한라산 케이블카 문제는 2005년 6월 14일 도지사의 논의 종결 선언으로 일단락되는 것처럼 보였다. 당시 김태환 제주지사는 기자회견을 통해 테스크포스팀에서 최종 회의를 개최한 결과 지질, 식생, 경관 등의 분야에서 환경부 지침에 저촉되므로 설치가 불가하다는 결론에 이르렀다며 "한라산국립공원 내에서의 삭

한라산 선작지왓. 이곳은 우리나라 유일의 고산초원으로 예전 케이블카 계획에서는 이곳을 통과해 윗세오름 중봉으로 이어질 예정이었다.

도 설치 논의는 종결하도록 하겠습니다"라고 밝혔기 때문이다.

그로부터 4년 후인 2009년 7월 다시금 타당성 조사를 테스크포스팀이 구성되기에 이른 것이다. 이보다 앞서 2008년 5월 22일 김태환 제주지사가 간부회의에서 "한라산 케이블카와 관련한 제주도의 방침은 지난 2001년 결정됐다. 그래서 환경부에 신청했던 것"이라며 앞서의 논의 종결 선언을 번복한 것이다.

이 지점에서 왜 제주도는 논의 종결을 선언했음에도 불구하고 이를 번복하게 됐을까. 환경부는 2008년 12월 '자연공원 로프웨이 설치·운영 가이드라인'과 관련해 규제를 완화한다는 취지로 케이블카 입지를 금지했던 주요 조항을 삭제했던 것이다. 예를 들면 기존 2킬로미터로 제한했던 케이블카 허용 길이를 5킬로미터로 완화했다.

이에 따라 한라산 케이블카 타당성 조사 T/F팀은 2009년 7월 10일 제주자치도

한라산에 케이블카가 설치되는 경우를 보여주는 시뮬레이션. 2009년 당시 케이블카 T/F팀에서 제작한 것이다.

가 제주도의회의 추천 등을 거쳐 총 13명으로 구성, 첫 회의에 나서는데 이 자리에서 로프웨이 문제에 대해 집중적 활동을 벌여 온 환경단체에서 3명을 추천받기로 결정, 16명으로 최종 확정된다. 그런데 T/F팀 운영일정과 관련하여 3개월 내로 즉, 9월까지 최종결론을 도출해 달라고 요청하는 등 제주도가 명분을 만들기 위한 들러리가 아니냐는 의혹을 사기도 했다.

그리고는 우여곡절 끝에 TF팀은 2000년도를 기준으로 당시 최적 노선으로 제안됐던 영실 노선을 중심으로 8개월간에 걸쳐 심도 있는 논의를 거쳤다. 그 결론은 '생태적인 영향과 경관 훼손의 부정적 영향이 크고, 경제적 수익성 여부 결과만으로는 그 영향력을 평가하기는 곤란하며, 사회적 갈등의 해결을 위한 대안이 요구되는 상태'라는 것이다. 한마디로 한라산에서의 케이블카 설치는 재고되어야 한다는 이야기다.

분과별로는 먼저 환경성분과의 경우 "지난 2000년 한라산 삭도 설치 타당성 조사보고서에서 최적 노선으로 제시된 영실 노선의 케이블카 설치는 환경적으로 부정적 영향이 크다"면서 '재고' 의견을 냈다. 경제성분과 역시 '재검토' 의견을 내는데 "영실 노선의 로프웨이 설치는 경제적으로 그 영향력을 평가하기는 곤란하다"고 밝혔다. 사회성분과는 "한라산이 지니고 있는 생태적 가치나 문화적 상징성, 다양한 보호구역 지정 취지, 사회적 약자에 대한 접근성 등을 고려한다면, 수익성을 목적으로 하는 시설의 설치보다는 제주 발전의 다양성과 공공성

증진 등에 초점을 맞춰 한라산 가치의 새로운 패러다임으로 접근해야 한다"는
의견을 제시했다.

한라산에 맨 처음 케이블카를 설치하자는 주장이 제기된 것은 1967년이다. 이
어 1968년 침체된 관광산업을 진흥시키기 위한다는 명목으로 사라악−왕관릉−
백록담−오백나한에 이르는 구간에 케이블카를 설치하자는 계획이 나왔다. 이
과정에서 성판악에 5백 평의 부대건물과 60평의 유기장, 사라악에 2백 평의 부
대건물과 휴게소, 왕관릉에 150평의 휴게소, 백록담에 1천 평의 호텔, 오백나한
에 3백 평의 유기장을 만들겠다는 구상까지도 제시된다. 그리고는 1973년, 1975
년, 1977년, 1982년, 1987년, 1989년, 1994년, 1997년, 1998년, 2000년 등 그야말
로 잊을 만하면 거론됐던 게 한라산 케이블카 설치 논란이다.

시대 변화에 따라 약간의 차이가 있지만 케이블카 설치를 주장하는 사람들의
명분은 환경훼손 방지, 지역경제 활성화, 사회적 약자에 대한 배려 등이다. 일부
에서는 외국의 유명한 산에도 케이블카가 있다고 항변한다. 그렇다면 한라산의
실상을 보자.

케이블카가 설치된 통영의 미륵산. 만약에 한라산 영실과 윗세오름에 이런 철탑이 들어선다고
가정해 보자. 한라산 최고의 경관자원이 사라짐은 자명한 일이다.

먼저 지역경제 활성화 부분이다. 이번 국립공원위원회의 분석에서도 나왔듯이 삭도가 경제성이 있는지 여부를 판단하기 어렵다고 밝히고 있는데 비용편익(B/C) 비율이 '1'을 넘는 지리산의 구례군의 경우도 손익분기점이 최소 20년이 소요된다는 것이다. 한라산 또한 크게 다르지 않을 것이다.

등산객의 답사에 의한 훼손을 방지하기 위해 케이블카가 필요하다는 주장과 관련해서도 2008년도의 '한라산 탐방객 적정수용관리 방안' 용역 보고서의 결론인 등산로의 훼손지 복구가 마무리 단계로 현 상황에서 전체 등산로의 5퍼센트 내외를 제외한 나머지는 안정성을 확보하고 있다는 내용과 배치된다.

여기서 모두가 간과하는 문제 하나. 케이블카 설치 이후 등산객 감소를 유도하기 위해 전체 등산로의 43퍼센트(영실: 오백나한 조망점에서 윗세오름 2.1km, 성판악: 진달래밭에서 정상 2.1km, 관음사: 구린굴에서 정상 6.1km)를 폐쇄한다는 입장이다. 다시 말해 케이블카로만 한라산에 다니고 등산으로는 오를 수 없다는 얘기다. 이는 역으로 케이블카 설치가 등산객의 감소를 유도할 수 없다고 자인하는 것과 다를 바 없다.

외국의 유명한 산과의 비교에서도 외국은 최소 3천 미터 이상 또는 급경사지역 등 반드시 필요한 곳에만 설치돼 있다. 반면 한라산 영실코스의 경우 3.7킬로미터로 그리 급경사도 아니다. 보통 1시간 30분, 길게 잡아 2시간이면 충분히 오르는 거리다. 그리고 예전 케이블카 통과지점으로 거론되던 한라산 선작지왓은 우리나라 유일의 고산초원이다. 영실의 가치야 모두들 잘 알 것이고.

한라산은 세계자연유산과 생물권보전지역의 핵심지역으로 세계지질공원으로도 지정돼 있다. 만약 1960년대에 계획대로 백록담에 호텔, 오백나한에 유기장 등의 시설물이 한라산에 들어섰다면 어떻게 됐을까를 가정해 보자. 그럴 경우 요즘 그토록 자랑하는 생물권보전지역, 세계자연유산, 세계지질공원으로 등재가 가능했을 것인가에 대한 물음이다. 지속가능한 관광개발이라는 이야기를 많이 하는데 미래세대의 관광욕구를 저해하지 않는 범위 내에서 현재 세대의 관광욕구를 충족시켜야 한다는 말이다. 특히나 자연자원을 활용한 관광을 위주로 하는 제주도의 상황에서는 더더욱 유념해야 할 부분이다.

생물권보전지역 10년

2012년 프랑스 파리에서 열린 제24차 유네스코 인간과 생물권계획(MAB) 국제
조정이사회에서 우리나라의 DMZ 유네스코 생물권보전지역 지정이 유보되었
다. 이유는 DMZ를 낀 남쪽 생태축 중 하나인 철원군이 지역주민들의 반대로
구획에서 빠진 것을 비롯해 북한 지역이 제외되는 등 유네스코의 기준을 충족하
지 못했다는 것이다.

기준에는 장기 보호가 가능한 핵심지역과 이를 둘러싼 완충지대, 생물자원을
관리할 수 있는 전이지대가 충분히 확보돼야 한다고 명시돼 있음에도 불구하고
정부가 성과 올리기에 급급해 무리하게 남측지역만 등재하려다 실패했다는 비
판마저 나오고 있다.

이를 계기로 제주도의 생물권보전지역에 대해 되돌아 보자. 제주도생물권보
전지역(JIBR, Jeju Island Biosphere Reserve)은 2002년 12월 16일 지정됐다. 이어
2003년 5월 17일에는 제주도와 유네스코 한국위원회, 한명숙 환경부 장관, 스티
븐 힐 유네스코 동북아시아지역 사무소장과 국내외 생물권보전지역 지정관련
기관·단체 관계자, 도내 환경관련 기관·단체 관계자 등이 참석한 가운데 한라
산국립공원 관음사 야영장에서 유네스코 지정 '제주도생물권보전지역' 지정 기
념식 축제가 열었다.

제주도생물권보전지역은 한라산국립공원지역, 영천과 효돈천 등 하천, 문섬,
범섬, 섶섬 등 도서지역이 핵심지역으로, 한라산국립공원 인접지역, 서귀포시
립해양공원 일부 구간 등의 완충지역, 해발 200~600미터 지역, 영천 및 효돈천
주변 500미터 지역, 서귀포시립해양공원을 포함하여 효돈천 하류를 연계한 해

생물권보전지역으로 지정된 범섬과 서귀포 앞바다.

양 등의 전이지역으로 구성된다.

생물권보전지역 지정 이후 2004년 4월에 제주도생물권보전지역을 효과적이고 체계적으로 관리하기 위한 운영관리계획 용역 발주, 2004년 7월에는 '제주도 생물권보전지역의 이해와 발전 방향'을 주제로 한 세미나가 제주도중소기업지원센터에서 열렸다. 2005년 8월 30일부터 9월 3일까지 제주에서 개최되는 제9차 동북아 생물권보전지역네트워크(EABRN) 회의 때 가칭 '아·태지역 섬(해양) 생물권보전지역협회' 설립을 공식 제안·권고하고 이 협회의 국제사무국을 제주에 설립하는 방안을 추진하겠다고 밝히기도 했다.

이어 2005년 8월 한국, 중국, 일본, 몽골, 러시아 등 5개국을 비롯해 베트남, 인도네시아 등 동남아 생물권보전지역 네트워크 회원국과 스페인, 팔라우의 섬 생물권보전지역 관계자, 유네스코 본부·지역사무소 대표 등이 참여한 가운데 동북아 생물권보전지역 네트워크(EABRN) 9차 회의가 '섬 생물권 보전지역의 보전과 지속가능한 이용'을 주제로 열렸다.

이 자리에서 제주선언이 채택되는데 제주도에서 제안한 '아·태지역 섬 및 연안 생물권보전지역 국제협력사업'을 추진키로 결정했다. 이와 함께 제주도의 섬 및 연안 생물권보전지역 협력은 동아시아와 동남아시아, 태평양 지역을 포함할 것이므로 유네스코 자카르타 사무소가 시행할 것을 제안하며 사무국은 제주에 설립키로 한다고 결정했었다.

하지만 생물권보전지역과 관련한 일련의 활동들을 보면 행정 및 일부 전문 학자들의 범위에서 벗어나지 못하고 있을 뿐만 아니라 구체적인 실행으로 이어지

2003년 5월 17일 한라산국립공원 관음사 야영장에서 열린 유네스코 '제주도생물권보전지역' 지정 기념식.

생물권보전지역인 효돈천의 상류.

지 못하고 계획에 머물고 있다. 그 결과 지난 2008년 1월 KBS 제주방송총국이 미래리서치에 의뢰해 조사한 결과 92.9퍼센트가 유네스코 세계자연유산으로 등재된 사실을 알고 있는 반면, 유네스코의 제주도 생물권보전지역 지정된 사실은 잘 안다 12.4퍼센트, 약간 안다 34.5퍼센트 등 46.9퍼센트만이 알고 있다고 답했다. 필자의 경우 지난 2006년 세계자연유산 등재를 위한 범국민서명운동을 벌일 당시 서명용지를 들고 다니는 자원봉사자들에게 물어본 적이 있으나 역시 그들도 이러한 사실을 모르고 있었다. 단순한 홍보 부족 차원이 아니다.

생물권보전지역은 생물다양성이 높은 지역과 그 주변지역의 생태계 보호와 지역 발전을 조화시키기 위해 유네스코가 해당 국가의 신청을 받아 지정하는 곳으로, 람사르 습지와 세계자연유산 등과 더불어 국제기구가 공인하는 세계 3대 자연보호지역이다. 국내에서는 설악산과 제주도, 신안 다도해, 광릉숲 네 곳이, 북한은 백두산, 구월산, 묘향산 세 곳이다.

그렇다면 제주도 생물권보전지역 지정이 갖는 가치는 얼마나 될까. 2007년 제주도가 세계자연유산으로 등재될 당시 생물권보전지역 지정으로 인해 심사위원들로부터 상당히 후한 점수를 받았다. 당시 평가를 담당했던 세계자연보전연맹(IUCN)의 평가보고서를 보면 "당사국이 유네스코의 MAB 프로그램 아래 제주도생물권보전지역을 지정한 것을 칭찬해 줄 것"과 함께 "당사국이 세계자연유산지구를 제주도생물권보전지역과 밀접하게 연계하여 관리할 것"을 권고한 내용이 그것이다.

제주도의 경우 생물권보전지역과 관련 구체적인 실행 계획이 없는 것은 아니다. 2005년 제주도는 'JIBR-자연에 의해 발전하는 제주 환경과 경제'라는 미래상을 내건 제주도생물권보전지역 관리계획 용역을 실시, 그 결과를 발표하는데 여기에서는 관리전담기구 마련을 비롯해 자원의 부가가치 제고를 위해 인증제를 통한 로고와 마크 활용, 자원의 브랜드화 등 다양한 방안을 제안하고 있다.

구체적으로 에코 가이드 및 지역 환경해설가 등 육성, 생태 프로그램 개발 등 환경교육과 생태관광 등 자연자산을 효율적 관리, 마을단위 주민과 환경단체의 참여를 유도하여 주민참여를 활성화, 상품 로고(labelling) 및 장소마케팅 등 브랜드화로 부가가치 제고, 조례제정, 관리위원회 재구성, 기존 관련기관과 연구소 간 협력체계 구축, 효율적 관리를 위한 재원확보 방안 마련, 국제협력 사업을 통해 국제정보 교환 네트워크 구축 등이다. 이제 생물권보전지역 지정 10년차를 맞고 있다. 앞서의 계획과 현실을 비교해 보자. 그중에서 제대로 실행에 옮긴 게 무엇인지를.

이와 관련 외국의 사례를 보면 시사하는 바가 크다. 지난 1983년 처음 생물권보전지역으로 지정된 이후 2002년에 섬 전체가 보전지역으로 확대된 스페인 라 팔마(La Palma)의 경우 시의회 의장이 관리위원장을 겸직하는 관리기구인 생태보전위원회(콘스르시오)를 행정과 민간 혼합조직으로 설치해 엄격한 관리를 하는 한편 2004년부터 지역특산물 상품화 차원에서 생물권 로고를 부착, 경제적 이익이 지역주민에게 돌아가게 하고 있다. 이와 비슷한 사례로 독일의 뢴(Rohn) 지역이 있는데 1991년 생물권보전지역으로 지정된 이후 방문자센터에서 환경교육을 담당하는 한편 지역의 특산물에 로고를 부착해 상품화하고 있는데, 로고는 비단 농특산물뿐만 아니라 숙박시설 등 다른 이차적인 상품들에까지 확대하고 있다. 청정 이미지를 살려 지역주민들에게 경제적 이득이 돌아가도록 하고 있다는 얘기다.

아이러니하게도 최근에 제주에서도 제주도생물권보전지역이 부쩍 많이 알려지고 있다. 생물권보전지역을 비롯해 세계자연유산, 세계지질공원 등재 등 유네스코의 자연과학분야 3관왕을 달성한 세계 유일의 지역이라 홍보하면서부터다. 문제는 지정 자체가 중요한 게 아니라 거기에 걸맞는 관리가 뒤따라야 하는데도 그에 미치지 못하니 답답할 따름이다. 이전 논란을 빚었던 자치단체 국제환경협의회(ICLEI) 한국사무소의 경우도 마찬가지지만.

예전 1980년대 초반에 우리나라 대학에 졸업정원제라는 제도가 있었다. 졸업정원의 130퍼센트를 합격시킨 후 30퍼센트를 탈락시킨다는 게 주요 골자다. 대학 합격 후에도 지속적으로 공부를 해야 한다는 취지였다. 그랬다면 적어도 탈락하지 않기 위해 가시적인 노력은 할 것으로 기대해 마련한 제도였다. 생물권보전지역을 보면서 이와 같은 제도가 절실한 심정이다. 물론 생물권보전지역도 10년마다 정기평가를 받는다. 물론 잘 대처하리라 믿지만 서류상이 아닌 가시적인 대책을 보고 싶다. 나아가 유네스코의 기준 충족 여부를 떠나 생물권보전지역 지정 자체가 자랑, 자부심이 될 수 있도록 합당한 관리정책을 기대해 본다.

한라산 생태관광

많은 이들이 이제까지의 대량관광이 갖는 문제점을 해결하자며 생태관광, 지속가능한 관광개발을 주창한다. 그렇다면 제주도, 특히 한라산에서의 생태관광은 어느 정도까지 와 있을까 살펴보자.

생태관광은 기존의 관광개발에서 나타나는 부정적 요소들, 예컨대 자연환경 훼손과 지역주민의 원주민화 및 소외현상 등을 바로잡자는 차원에서 시작됐다. 제주도의 사례를 보면 쉽게 이해가 갈 것이다. 논란이 되고 있는 환경파괴, 관광 활동으로 인한 수익이 지역주민에게 돌아가지 않는 문제 등을 생각한다면. 때문에 대안관광으로서 생태관광이 대두된 것인데 요즘 얘기되는 지속가능한 관광과도 그 맥을 같이한다.

생태관광에 대해 생태관광학회에서는 자연자원의 보전이 곧 지역주민의 편익이 될 수 있는 경제적 기회를 창출하는 동시에 생태계의 균형을 깨뜨리지 않도록 주의를 기울이면서 환경의 문화적·자연적 역사를 이해하기 위해 자연지역으로 떠나는 의미있는 여행이라 개념을 정의하고 있다. 결국 생태관광은 자연에 대한 관광만을 말하는 것이 아니라 환경보전, 지역경제 및 문화, 교육적 측면까지 고려한다는 말이다. 때문에 경제적인 측면에서는 지역주민의 수익을 고려함과 동시에 환경보전, 교육적 요소가 들어가야 한다는 의미다.

그렇다면 이러한 기준을 적용할 경우 제주에 생태관광이 존재하는가라는 물음에 답을 내리기는 쉽지 않다. 교육프로그램, 생태적 지속가능성, 지역문화의 고려, 지역사회에 실질적 보상이 이루어지는 생태관광 상품이나 프로그램이 얼마나 있을까 하는 의문 때문이다. 전혀 없는 것은 아니다. 규모는 작지만 1990년대 후반부터 제주지역에서도 생태관광을 기치로 내걸고 이를 실천하는 업체들이 몇 군데 있다. 그리고 2011년 제주생태관광협회가 창립돼 활동하고 있기도 하다.

희망적인 것은 생태관광 측면에서 제주도는 무한한 발전 가능성을 갖추고 있다는 점이다. 우선은 세계가 공인하는 자연환경을 갖추고 있다. 그리고 지역주민들도 잘 보존된 자원이 갖는 자산 가치에 대해 인식하기 시작했고, 최근에 두드러진 현상으로 여행 패턴이 단체에서 개별관광으로 바뀌며 유명관광지 위주에서 벗어나 올레 코스 등 체험관광을 중심으로 확산되고 있는 것은 고무적인 일이다.

제주에는 유네스코가 공인한 보호구역으로 생물권보전지역을 시작으로 세계자연유산, 세계지질공원, 람사르 습지가 있다. 그 중심에 있는 것이 한라산이다. 한라산은 유네스코의 자연과학분야 3개의 보호구역 모두에 해당할 뿐만 아니라 물장올과 1,100고지 습지가 람사르 습지로 지정돼 있다. 그야말로 세계적인 보

기존의 관광개발에서 나타나는 자연환경 훼손과 지역주민의 원주민화 및 소외현상 등 부정적 요소들을 해결해야 한다는 데 공감대가 형성되면서 대안으로 생태관광이 대두되고 있다. 후손에게 온전하게 물려주어야 할 소중한 우리의 자원, 한라산을 지켜 나가는 일도 생태관광 및 지속가능한 관광 측면에서 그중요성이 더해지고 있다.

돌매화나무 꽃(위)과
시로미 열매.

호구역이다.

한라산을 기준으로 생태관광에 대해 살펴보자. 앞서도 보았듯 생태관광의 전제가 되는 생태자원은 충분하기에 교육 및 해설 프로그램이 문제다. 현재 한라산에는 교육장 역할을 하는 시설로 어리목과 성판악에 탐방안내소가 있다. 어리목의 경우 68억 원, 성판악은 39억 원이 소요됐다. 앞으로 관음사와 영실에도 세워질 예정이다. 교육장소가 많다는 것은 나쁜 일이 아니다. 문제는 많은 예산을 투입해 지어지는 탐방안내소의 내용물, 즉 콘텐츠에 대해서도 고민을 하자는 것이다. 예산 중 상당수가 건축비가 차지하고 소프트웨어는 빈약하다는 것이다.

2006년 문화재청과 제주도가 유네스코에 세계자연유산 등재신청을 할 때 신청서에 세계자연유산센터 건립을 약속했다. 하지만 세계자연보전연맹(IUCN)

의 실사단은 심사보고서에서 많은 예산을 투입해 새롭게 세계자연유산센터를 지을 필요가 없고, 대신 제주돌문화공원 시설물을 활용하면 충분하다고 권고했다. 그럼에도 불구하고 제주도 당국은 300억 원을 투입해 세계자연유산센터 건립을 강행했다. 유네스코와의 약속을 지키게 됐다는 상황설명과 함께. 참고로 세계자연유산지구 내의 전체 사유지 매입비용이 300억 원이었다.

현재 한라산에서 진행하는 자연해설 프로그램으로는 탐방안내소의 해설 외에 역사의 자취가 서린 어승생악, 어리목 탐방로의 한라산 이야기, 관음사 코스의 계곡 따라가는 한라산, 1,100고지 습지 동식물의 만남 등이 있다. 이외에 어린이를 대상으로 한 창작교실을 별도로 운영 중이다. 해설사가 프로그램을 진행하고 있다. 참가자들의 만족도가 얼마나 될지는 모르지만, 이 정도면 교육 및 해설 프로그램은 나름대로 운영되고 있다는 느낌이다.

한라산에서 생태관광을 이야기할 때 정작 문제는 관광활동으로 인한 수익의 일부가 지역사회에 환원되고 다시 생태자원의 보존을 위해 투입되는 선순환 구조를 가졌느냐 하는 것이다. 특히나 이제는 국립공원 정책이 바뀌어 입장료 징

한라산 숲길을 걷는 탐방객들. 최근에는 둘레길 등 많은 탐방로가 개설되었다.

수마저 폐지되었다. 이렇게 말하면 많은 이들이 싫어할지 모르겠지만 필자는 국립공원에서의 입장료는 징수해야 한다는 입장이다. 원인자부담 원칙을 적용, 환경에 부정적인 영향을 끼친 사람들이 환경훼손 분담금 차원에서 비용을 지불해야 한다는 것이다.

또 하나. 외국의 관광지와 비교할 때 우리는 과도한 서비스, 과잉친절을 베푸는 게 아닌지 의문이다. 한라산의 예를 들면 예전에 80여 쪽에 달하는 한라산 안내책자를 무료로 배부한 적이 있다. 안내책자의 경우에도 유료화해 필요로 하는 이들에게 판매하는 것이 정상이다. 보다 많은 이들에게 보여주고 싶다면 가격을 낮추면 될 것이다.

제주관광에서 문제점으로 지적되는 것 중에 하나가 기념품이 빈약하다는 것인데, 이와 무관하지 않다. 민간에서 제작한 각종 안내책자나 문화를 담은 기념품이 활발하게 제작되고 판매되기 위해서는 인식을 바뀌어야 한다. 거기에 앞서 탐방안내소에 이들 상품을 판매할 수 있는 뮤지엄샵이 먼저 들어서야 하겠지만. 현재는 한라산과 관련된 기념품이 없는 것도 문제지만 팔 수 있는 공간도 없다.

한라산은 후손에게 온전하게 물려주어야 할 소중한 우리의 자원이다. 이제 유네스코의 각종 보호구역으로 지정됐으니 우리들만의 자산이 아닌 세계인의 유산이다. 이를 지켜 나가는 일은 앞서 살펴보았듯이 생태관광이나 지속가능한 관광의 개념과 그 맥을 같이함을 알 수 있다. 자연생태계를 배려하는 관광, 오죽했으면 관광으로부터 관광을 보호해야 한다는 말까지 있지 않던가.

앞서 생태관광의 개념에 대해, 그리고 그 기준에 따른 한라산에서의 현황에 대해 살펴보았다. 오늘의 질문이다. 한라산에서의 생태관광은 지금 어느 수준인가, 더불어 개선해야 할 부분은 있다면 무엇인가에 대해서. 혹 지속가능한 관광, 생태관광이라는 용어가 어색하다면 예로부터 우리의 선조들이 산에 오른다는 등산이란 용어 대신에 입산(入山)이라 하여 산에 든다고 표현했던 의미가 무엇인가를 생각해 보아야 할 것이다.

제주특별자치도는 2015년 10월 '제주도 생태관광 육성 및 지원에 관한 조례'를 제정하고, 2016년 4월 제주지역 생태관광을 활성화하기 위한 '제주도 생태관광육성위원회'를 구성했다. 이들은 생태관광육성 기본계획과 자원조사, 생태관광지역 지정 등에 대한 사항을 심의하고 자문하게 된다.

한라산의 가치

한라산은 유네스코의 생물권보전지역에 이어 세계자연유산, 세계지질공원으로 지정된 곳이다. 그뿐만이 아니다. 한라산 자락의 물장올과 1,100고지 습지는 람사르 습지로 지정돼 있다. 지금 말하는 곳은 모두 국립공원 구역 안에 있는 것만 얘기한 것이다.

한라산이 곧 제주도요, 제주도가 곧 한라산이니 구역을 구분하는 것 자체가 큰 의미가 없지만, 공역 구역 밖으로 눈을 돌리면 더 많은 자원을 품고 있는 그야말로 세계의 보물창고라 할 수 있다.

그렇다면 한라산의 가치를 계량화한다면 얼마나 될까. 자원의 가치를 평가하는 방법 중에 국립공원과 같이 시장기구가 존재하지 않는 공공재의 가치는 크게 실제 이용가치와 비이용가치로 나누어 볼 수 있다.

실제 이용가치는 자원을 소비자가 실제로 이용함으로써 얻는 가치로, 여행비용법에 의해 추정한 수요곡선의 내부 면적, 즉 실제 소비에 따른 지불가액과 소비자 잉여의 합계로 형상화된다.

반면 비이용가치는 자원을 이용하지 않는 비용자에게 발생하는 가치로 보전가치라 부른다. 보전가치는 아름다운 자연자원이나 수질, 동식물, 환경 등이 보존되고 있다는 사실 자체를 아는 것으로 비이용자들이 잠재적으로 받게 되는 편익 또는 효용을 말한다. 그리고 보전가치는 다시 선택적 가치와 존재가치, 유산가치를 합한 개념으로 정의되고 있다.

이러한 비이용가치를 평가하는 방법 중에 주로 이용되는 것이 수혜자에게 직접 설문지를 돌려 의견을 듣는 가상적 가치평가방법(CVM; Contingent Valuation

세계자연유산과 생물권보전지역의 핵심지역인 어머니산 한라산.

Method)이 가장 널리 이용되고 있다. 평가하고자 하는 자원과 관련이 있는 사람들에게 직접 인터뷰를 통해 가상적 상황을 생동감 있게 제시한 후 가상적 상황이 변화하지 않는 대가로 얼마만큼의 비용부담을 할 수 있는가를 묻는 것으로 거기서 나타난 지불의사 금액을 자원가치로 평가하는 것이다.

최근 몇 년 사이에 한라산에서는 두 차례에 걸쳐 그 가치를 조사한 적이 있었다. 먼저 2008년 제주발전연구원에서 한라산 탐방객 적정수용 관리방안 조사를 할 때 실시했던 경우와 2012년 한라산연구소에서 한라산국립공원의 자연자원 조사를 하면서 함께 조사한 것이다.

2008년 조사 당시 한라산의 가치는 연간 총이용가치 67억 원, 연간 총보존가치는 약 1,538억 원, 연간 총가치는 1,605억 원이며 이때 총자산가치는 약 3조 3,705억 원으로 평가됐다. 이는 2007년의 탐방객 숫자인 80만 5천 명과 전국의 총가계수인 1,868만 8천 가구를 기준으로 한 것이다.

2012년의 경우 한라산국립공원을 직접 이용한 탐방객의 지불의사 금액은 1인

1회 기준 1만 388원으로 추정됐으며, 보존가치는 1가구가 1년에 1만 1,867원을 지불할 의사가 있는 것으로 파악됐다. 또한 보존가치 중 유산가치의 경우 5,898원이 49.7퍼센트로 가장 높게 나타났으며, 선택가치 3,331원(28%), 존재가치 2,638원(22.2%) 순이다. 이를 바탕으로 연간 이용가치는 113억 원, 연간 보존가치는 2,085억 원으로 한라산국립공원의 총 경제적 가치는 4조 6,171억 원이었다.

얼마 전 뉴스를 보니 도의회 도정 질문에서 폐쇄된 지 15년 만인 지난 2009년 재개방된 돈내코 코스를 정상까지 연결해 다시 개통하자는 주장이 제기됐다고 한다. 심지어 등산객이 한쪽으로만 집중돼 한라산이 아픔을 겪고 있다며 이를 해소하기 위해서라도 남벽 코스를 개방해야 한다고도 했다.

알다시피 돈내코 등반로는 심각한 환경훼손으로 자연복원을 위해 지난 1994년부터 휴식년제에 묶여 폐쇄됐다가 15년이 지난 2009년 산남지역 경제활성화와 4개 탐방로에 집중된 등산객을 분산시켜 혼잡과 자연파괴를 막을 수 있다는 이유로 재개방됐다. 하지만 남벽 붕괴 위험 때문에 정상이 아닌 윗세오름으로 연결했다. 여기서 묻고 싶은 것이 있다. 돈내코 등산로를 재개방한 이후 이용객이 얼마나 되는지, 그리고 재개방의 결과로 산남지역 경제가 얼마나 활성화됐는지를.

2012년 기준 한라산 탐방객은 113만 4천여 명으로 이를 등산로 별로 보면 어리목 36만 4천여 명, 영실 26만 9천여 명, 성판악 41만 8천여 명, 관음사 6만 3천여 명, 돈내코 1만 7천여 명이었다. 심지어 돈내코 코스의 경우 지난해 9월은 813명, 8월은 923명에 불과했다.

문제는 백록담 남벽의 경우 복구가 불가능할 정도로 황폐화됐다는 것이다. 그것도 1986년 5월 1일부터 1994년 6월 말 사이 단 8년 만에 망가진 것이다. 당초 남벽순환로를 개설할 때 남벽의 지질 특성을 감안하지 않은 결과다. 남벽의 현상황을 본다면 철저한 조사과정 없이 등산로를 개설한 결과가 얼마나 참혹한지, 그리고도 다시 이곳에 등산로를 개설하자고 말할 수 있는지를 묻고 싶다.

이 시점에서 앞서 이야기한 이용가치와 보존가치 중에 무엇을 더 중요하게 여겨야 할지를 고민해 보자. 우리는 이제껏 한라산 케이블카 개설을 주장할 때마다 지역경제 활성화를 그 이유로 내세웠었다. 그 과정에서 한라산의 가치를 너

제주도 서남쪽 군산에서 바라본 한라산.

무나 우습게 보지는 않았는지 묻고자 한다.

2009년의 사례를 소개한다. 당시 한라산에 케이블카를 개설하는 게 어떤지를 조사하는 테스크포스(TF) 팀을 운영했었다. 당시 TF팀이 통영의 미륵산 케이블카 현장을 방문했을 때 도청 관계자가 필자에게 미륵산과 한라산을 비교해 달라고 부탁한 일이 있다. 해서 필자는 미륵산의 경우 산림청 선정 우리나라 100대 명산이라는 이유로 환경단체에서 반대를 했다고 하던데, 한라산은 유네스코 생물권보전지역, 세계자연유산의 핵심지역으로 그 자체로서 이미 비교가 되지 않느냐고 반문한 적이 있다.

우리는 한라산을 이야기할 때 흔히들 '어머니산'이라는 표현을 쓴다. 또 농담으로 한라산이 우리나라의 태풍을 막아 그 세력을 약화시켜 육지부의 피해를 최소화시키니 육지부 사람들은 제주도에 대해 그에 상응하는 보상을 해야 한다는 말도 한다. 그만큼 한라산의 가치가 크다는 것을 역설적으로 표현하고 있는 것이다.

3

아흔아홉골과 한라산.

제주산악안전대

연말연시가 되면 사람들은 지는 해는 바라보며 반성을, 떠오르는 태양을 바라보며 새 희망과 각오를 다지는 등 송구영신의 의미를 다시 새기곤 한다. 얼마 전 한라산국립공원 관리사무소에서는 매년 1월 1일 0시를 기해 새해 첫 일출을 백록담에서 볼 수 있도록 야간 산행을 허용한다고 밝혔다.

그러면서 탐방객들의 안전을 위해 정상 통제소에 직원을 추가로 파견하는 한편 제주산악안전대 소속 전문산악인으로 자원봉사대를 꾸려 정상과 삼각봉 일대에서 안전계도 활동을 벌인다는 계획이다. 이에 대해 소개하고자 한다.

제주산악안전대. 한마디로 이야기하면 1961년 창립된 우리나라 최초의 민간 산악구조대로 한라산에서 등산객의 안전계도와 조난자 구조·구급에 앞장서는 단체다. 처음 이름은 '제주적십자산악안전대'로 적십자의 이름을 내세운 철저한 봉사단체다. 줄여서 '산악안전대'라 부르고 있다.

산악안전대의 출발은 1960년으로 거슬러 올라간다. 한라산을 찾는 사람들이 많아지면서 크고 작은 사고가 잇따르자 제주도 적십자사는 인명구조의 필요성을 느껴 적십자 본사와의 절충을 통해 1960년 산악안전대 구성을 위한 예산 40만 환을 확보했다. 이때 장비는 한국산악회의 전문적 지식과 협조를 얻고 필요하다면 국방부 당국 또는 미군 당국과 절충하기로 합의를 보게 된다.

구조대가 채 만들어지기도 전인 1961년 1월 한라산에서 훈련을 하던 서울법대 산악부의 이경재 군이 탐라계곡에서 조난, 사망하는 사고가 발생한다. 한겨울 한라산의 폭설과 눈보라 등 악천후를 전혀 예상하지 못한 상황에서 무리한 등반에 나선 것이 원인이었다. 이 조난 소식이 전해지자 홍종인, 이숭녕 씨 등 한국

적설기 훈련 중인 산악안전대원들.

산악회 회원들이 공군에서 제공한 수송기를 타고 제주로 급파되는 등 사회적으로 엄청난 반향을 일으키는데 제주의 산악인들 또한 예외가 아니었다.

그해 겨울은 기록적인 한파로 이군뿐만 아니라 사냥꾼 등 10여 명이 한라산에서 동사하는 사고가 발생했다. 이를 보면서 제주의 뜻있는 산악인들이 한라산에서 산악사고에 대비한 조직을 만들자고 나선 것이 산악구조대의 창립으로 이어진다. 이왕이면 사고 이전에 한라산의 정보를 제대로 알리고 등산로를 정비해 사고의 요인을 미연에 방지하는 의미로 구조가 아닌 안전계도 활동을 전면에 내세웠다. 전국의 모든 산악구조대가 구조대라는 명칭을 쓰는데 반해, 제주의 경우 산악안전대라는 이름으로 탄생하게 된 이유다.

이러한 과정을 거쳐 같은 해 5월 제주의 산악인들이 제주적십자산악안전대를 결성한다. 창립대원으로 김종철, 부종휴, 안흥찬, 고영일, 김규영, 김현우, 현임종, 강태석, 김영희 등 9명의 대원으로 출발했다. 초대 대장에 김종철을 선출한 후 뜻있는 젊은 산악인들이 몰려들기 시작, 2개월 사이에 27명으로 늘어났다.

우리나라 최초의 민간산악구조대다. 당시 제주에는 산악회가 없던 시기로 산악 활동에 뜻있는 인사들이 적십자사를 매개로 자발적으로 모여 만든 조직이다. 제주 최초의 산악회인 제주산악회는 이들을 주축으로 3년 후인 1964년에 비로소 창립된다.

제주적십자산악안전대는 1961년 8월 1일부터 5일까지 제1회 한라산 등반훈련을 실시, 본격적인 활동에 나선다. 33명이 참가한 훈련에서 산악안전대는 태풍이 북상하고 있다는 일기예보에도 불구하고 3개조로 나눠 요소요소에 위험표지판과 등산로 안내판, 응급구호소 등을 마련하는 작업을 벌였다. 이 과정에서 웃지 못할 에피소드가 하나 있는데, 같은 해 10월 안전대가 설치한 등산 안내표지판이 사라져 버려 이 때문에 일부 등산객들이 길을 잃어 헤매는 등 안전사고의 우려가 있다는 보도 내용이다. 나중에 확인해 보니 등산객들이 안내표지판을 따라 등산에 나서게 됨에 따라 돈을 받고 길을 안내하던 등산안내인들이 자신들의 영업에 지장을 준다며 이를 뽑아내 버렸다고 한다.

제주적십자산악안전대의 초창기 주요 활동은 한라산 동·하계 훈련, 등산로

용진각 일대에서 적설기 훈련 중인 산악안전대원들.

개척 등반, 위험표지판과 등산로 안내판·응급구호소 설치, 태풍과 폭우로 인한 안전계도 등반, 안내 등반 등이었다. 당시의 등산로는 관음사 코스와 서귀포 남성대 코스, 성판악 코스, 아흔아홉골 코스, 영실 코스 등이다.

당시 산악안전대 대원들이 대피소에 부착한 안내표지판을 보면 "산은 자애롭고도 무자비합니다. 즐겁고 안전한 등산을 위하여"라면서 행동수칙으로 "무모한 행동금지, 충분한 식량과 장비 지참, 익숙하지 않은 코스는 반드시 안내인과 동행, 수목과 표식판, 산장시설의 손상금지, 숙영지를 떠날 때 다음 사람을 위해 청결·정리하고 화목(火木)을 마련할 것, 유고시 가까운 표고밭이나 경찰, 또는 안전대에 빨리 연결할 것" 등을 당부하고 있다. 버너가 보편화되기 전 다음 사람을 위해 나무땔감(화목)을 마련해 주자는 문구가 눈길을 끈다.

제주적십자산악안전대는 창립 이후 산악사고에서 그 진가를 발휘하는데 1963년 6월, 서울에서 취재차 한라산을 찾았던 2명의 잡지사 기자가 폭우 속에 조난 당하는 사고가 발생했을 때 수색대를 파견, 백록담에 이틀간 갇혔다가 어렵게 하산하던 이들을 만나 구조해 내기도 했다. 당시 해당 잡지사는 제주신문에 감

제주산악안전대와 전국의 민간산악구조대 대원들이 한라산 내 사고다발지역인 장구목에서 눈사태 상황을 가정한 조난자 구조훈련을 벌이고 있다.

사의 말씀 광고를 통해 "특히 구조에 나서 주신 제주적십자산악안전대 여러분과 도민에게는 무엇이라 감사의 말씀을 드려야 좋을는지 모르겠습니다"라고 고마움을 표시하기도 했다.

한라산에서 사고가 발생하면 제일 먼저 현장에 출동, 조난자 수색 및 구조활동에 나섰던 산악안전대는 그 공로를 인정받아 1979년 제주도 공익상 사회봉사 부문을 수상하기도 했다. 이후 제주적십자산악안전대는 2005년에 이르러 제주도산악연맹구조대와 통합, 사단법인 대한산악연맹 제주도연맹 적십자산악안전대(약칭 제주산악안전대)로 거듭났다.

당시 필자는 산악안전대측의 통합추진위원으로 참여, 구조대가 아닌 안전대라는 명칭을 사용할 것, 회칙에 제주적십자산악안전대를 계승하고 있음을 분명히 할 것 등을 요구해 관철시켰던 기억이 새롭다. 사고 이후의 구조가 아닌, 사전에 예방하자는 선배 산악인들의 정신을 지켜 내자는 의미다.

현재 산악안전대 대원은 30여 명으로 모두가 각자의 생업에 종사하다가 사고가 발생하면 오로지 긍지와 자부심 하나로 한라산으로 출동한다. 따로 보수도 없고 심지어는 자비까지 들여가면서 하는 봉사활동이다. 이처럼 보이지 않는 곳에서 한라산을 지키는 이들이 있기에 '어머니산 한라'가 더욱 가치가 있다고 여겨진다. 혹 한라산에서 산악안전대 대원들을 만날 경우 수고한다는 인사 한마디 건네주기를 당부드린다.

한라의 산악인 고상돈과 오희준

5월에 우리는 한라산이 배출한 최고의 산악인 두 명을 잃었다. 정상의 사나이 고상돈과 적토마 오희준이다. 고상돈은 1979년 5월 29일, 오희준은 2007년 5월 16일 사망했다. 당시 고상돈의 나이 30세, 오희준은 37세였다. 둘 다 한라산 자락에서 태어나 한라산을 보면서 꿈을 키웠고 마침내 우리나라 최고의 산악인으로 국민들에게 희망과 용기를 심어 주다 산으로 되돌아간 이들이다.

고상돈은 우리나라 최고의 산악영웅이었다. 그가 주인공으로 등장하는 태극기와 에베레스트가 그려진 기념우표, 에베레스트 정상에서 태극기를 들고 서 있는 고상돈의 사진이 실린 주택복권 발행, 기념담배 등이 출시 등에서도 쉽게 짐작할 수 있다. 심지어 교과서에까지 소개됐었다.

고상돈은 1948년 제주시 칠성동에서 태어났다. 1955년 4월 1일 제주북국민학교에 입학, 4학년 1학기까지 제주에서 학교생활을 한다. 초등학생 시절 구름에 뒤덮인 한라산을 신비감에 사로잡혀 바라보다가 그 꼭대기에 오르고 싶은 충동을 느꼈다고 한다. 하지만 고상돈은 초등학교 시절 한라산 정상에는 오르지 못하고 3학년 소풍 때 한라산 등산로가 시작되는 관음사까지 갔던 게 고작이다.

고상돈이 한라산에 오른 것은 한참 후인 1979년 1월 미국 알래스카 매킨리 원정등반을 위한 한라산 적설기 전지훈련을 위해서다. 훗날 고상돈이 매킨리에서 사망한 후 제주의 산악인들은 당시 훈련의 주무대였던 장구목에 '고상돈 케른'을 만들어 그를 기리고 있다.

1977년 한국에베레스트원정대는 김영도 원정대장을 비롯한 18명의 대원으로 구성되는데 이때 고상돈이 참여한다. 그리고는 당당히 정상에 오른다. "여기는

에베레스트 정상의 고상돈(고상돈기념사업회 제공).

정상"이라는 고상돈의 이 한마디는 약소민족 대한민국이 전 세계에 그 위상을
알리는 소리이자 국민들에게 우리도 할 수 있다는 자신감을 심어 주는 메시지와
도 같았다. 만약 이때 고상돈이 성공하지 못했다면 한국원정대는 산소가 바닥나
어쩔 수 없이 철수해야 할 상황이었다. 이로써 고상돈은 에베레스트에 오른 56
번째의 등정자로, 한국은 에베레스트 정상에 오른 8번째의 국가가 된다.

　하지만 지구의 꼭대기에 오른 고상돈은 이에 만족하지 않고 2년 후 새로운 도
전을 시작하는데, 북미 최고봉 매킨리다. 코스는 많은 사람들이 이용하는 기존
코스인 웨스트 버트레스(West Buttress)보다 좀더 어려운 웨스턴 립(Western Rib)
으로 당시까지 100여 건의 매킨리 등정자 중 단 3번밖에 성공한 사례가 없는 난
코스이다.

　5월 29일 고상돈은 박훈규 부대장, 이일교 대원과 함께 마지막 캠프에 도착해
서 보니 정상이 눈앞 가까이에 펼쳐지자 1박을 생략한 채 정상 공격에 나선다.
저녁 7시 15분 정상 등정을 알리는 고상돈 대장의 목소리 "여기는 정상이다. 바
람이 너무 세고 추워서 말이 잘 나오지 않는다. 사진을 찍고 하산하겠다. 지원해
준 여러분들에게 감사한다"는 말을 끝으로 우리 곁을 떠났다. 고상돈 대장과 이
일교 대원의 유해는 고국으로 운구돼 전국산악인장으로 장례식을 치른다. 이듬

해인 1980년 그가 어린 시절 꿈을 키웠던 한라산 1,100고지로 이장, 한라산의 품에 안겼다.

고상돈의 이야기가 전설처럼 여겨질 무렵 제주에서 새롭게 등장한 산악인이 오희준이다. 오희준은 1999년 초오유(8,201m)를 시작으로 2000년도 브로드피크(8,047m), 시샤팡마(8,027m), 2001년 로체(8,516m), K2(8,611m), 2002년 안나푸르나(8,091m), 2006년 에베레스트(8,848m), 가셔브룸2봉(8,035m), 가셔브룸1봉(8,068m), 마나슬루(8,163m)를 연속으로 오른다. 히말라야의 8천 미터급 14좌 중 10좌를 단 한 번의 실패도 없이 이 모두를 성공시킨 10전 10승의 놀라운 집중력이다.

이 과정에서 2004년 혹한과 눈보라를 뚫고 1,200킬로미터 대장정 끝에 44일이란 세계 최단기록으로 남극점을 밟고, 2005년에는 북극점까지 밟았다. 2006년 에베레스트까지 오르며 지구의 3극점을 모두 밟은 3번째 한국인의 기록을 갖게 된다. 세계 기록으로는 17번째다.

2007년에는 에베레스트 초등 30주년을 맞아 박영석 대장과 함께 에베레스트 남서벽에 이른바 코리안 루트 개척에 나선다. 5월 15일 날씨가 호전된 틈을 타

오희준(오희준기념사업회 제공).

한라산 1,100고지 고상돈공원에서의 고상돈 동상 제막식.

오희준은 이현조 대원과 함께 제2 캠프를 출발, 제4 캠프 구축을 마쳤다. 계획대로 된다면 16일 8,300미터에 제5 캠프를 구축한 후 17일 정상 공격에 나설 계획이었다. 그러나 그날 밤 에베레스트 정상 근처에 엄청난 폭설이 내린다. 자정을 넘긴 16일 새벽 1시 45분경 여기저기서 크고 작은 눈사태 소리가 들려오자 오희준은 무전으로 탈출을 시도하겠다고 보고한다. 그게 마지막이다. 이후 눈사태가 이들이 머물던 텐트를 덮친 것이다. 훗날 제주의 산악인들은 한라산 백록담 서쪽 백록샘 주변에 '오희준 케른'을 조성했다.

2009년 고상돈 30주기를 맞아 다양한 행사가 펼쳐졌다. 그의 일대기를 담은 평전 『정상의 사나이 고상돈』이 출간된 것을 비롯해 산악인 고상돈 30주기 어떻게 기념할 것인가라는 주제의 세미나, 국회 의원회관에서의 〈잊혀진 영웅 고상돈〉 사진전이 그것이다. 그 기획과 진행과정에 필자가 관여했었다. 당시 기획의도는 단 하나였다. 한라산에 고상돈기념관을 만들자는 것이다. 하지만 모두가 알다시피 아직껏 고상돈기념관은 없다. 이보다 앞서 지난 1981년 고상돈의 유품은 유족에 의해 제주도로 기증되는데, 이때의 합의사항으로 제주도민속자연사

서귀포시 토평동 오희준공원에
세워진 오희준 추모탑.

산악인 오희준 추모탑

박물관에 전시실을 확보하기로 약속까지 했었다.

　이와 비교되는 사례를 보자. 일본의 산악영웅으로 우에무라 나오미가 있다. 일본인으로는 처음으로 에베레스트에 오르고 매킨리에서 생을 달리한, 고상돈과 유사한 삶을 살았던 산악인이다. 그의 고향인 효고현과 산악활동을 했던 도쿄에 모험관이 세워져 그의 도전정신을 후세에 전하고 있다. 우리나라의 경우 현존하는 대표적 산악인인 엄홍길의 경우도 그가 세 살까지 살았던 경남 고성군에 엄홍길전시관이, 이후 생활터전인 경기도 의정부시에도 전시관이 있다. 특히 고성의 전시관은 50억 원 가량의 국비와 지방비가 투입해 조성되고, 관리주체도 지방자치단체인 고성군이다.

　최근 제주도에서는 관음사 야영장 서측 부지에 50억 원의 예산을 투입해 지하

2층 2천여 제곱미터 규모의 산악박물관을 만든다는 계획을 발표했다. 역사관과 유물전시관, 산악교육관, 문화공간 등이 들어서는데, 고상돈과 오희준 등 제주 출신 산악인들을 소개하는 유물과 국내외 수집 가능한 산악인 유물들을 전시할 예정이라고 한다. 반가운 일이지만 한라산의 경우 고상돈과 오희준이라는 자랑스러운 자산을 너무 방치하고 있다는 느낌이다. 예를 들면 고상돈로 걷기대회를 연례행사로 개최하는 것도 하나의 방법이다. 차제에 고상돈과 오희준의 기념관을 해당 장소에 별도로 조성하고 청소년을 위한 다양한 프로그램을 개발하는 방안을 고민할 필요도 있다.

한라산 철쭉제 변천사

1967년 5월 21일 폭우가 쏟아지는 한라산 성판악. 1백여 명의 산악인들이 산행을 준비하고 있었다. 이들은 제주시에서 오전 6시 버스로 출발하여 성판악, 사라악으로 정상에 올라가서 철쭉제를 지내고 개미등, 산천단으로 하산할 예정이었다. 그러나 행사 당일 버스로 성판악까지 갔으나 폭우로 인해 등반할 수 없어 코스를 변경하여 물장올, 태역장올, 골프장, 제주시로 하산해야 했다. 한라산에서의 첫 번째 철쭉제는 이렇게 미미하게 시작됐다. 당시 회비는 2백 원, 참가자들에게는 주최 측인 제주산악회에서 관광버스를 제공했다.

이와 관련하여 당시 행사를 주최했던 제주산악회 회원들은 한라산신에게 제례를 올리는 데 있어 한라산신에게 미리 고하지도 않고 백록담에 감히 제단을 꾸리려 해서 한라산신이 노한 것으로 여겼다. 해서 당시 안흥찬 회장은 제문을 낭독함에 있어 먼저 한라산신에게 사죄의 인사를 먼저 고했다고 한다. 이후부터 한라산신의 보살핌으로 산악행사를 진행함에 있어서는 매번 날씨가 흐리다 가도 호전됐다고 제주도의 산악인들은 여긴다. 심지어 날씨 문제로 결국은 폐지된 한라산 눈꽃축제의 경우에도 눈꽃축제 기간에는 기상이 악화돼 행사를 제대로 진행하지 못한 반면 같은 기간 산악인들의 행사인 한라산 만설제가 열릴 시점이 되면 눈이 알맞게 내려줘 행사를 빛낼 수 있었다는 얘기마저 회자된다.

처음 한라산 철쭉제는 당시 제주 유일의 산악회인 제주산악회 회원들이 한라산의 이 아름다운 비경을 자신들만 보기에는 너무 아깝다며 시민과 관광객들에게 보여줄 기회를 만들자는 의도로 기획됐다. 당초 철쭉제는 1966년에 기획된 것으로 전해진다. 1968년의 신문기사에 의하면 1966년부터 연2회나 우천관계로 이뤄지지 못하다가 3회인 1968년에 절정을 이뤘다는 기록까지 보인다. 1968년 철쭉제의 경우도 대한일보 기사에서 1회로 표기한 반면 제주신문과 제남신문에서는 2회로 표기해 논란이 되는 부분이다. 이와 관련하여 제주산악회의 기록에 보면 첫 번째의 철쭉제는 1967년 처음 열렸음을 확인할 수 있다.

한라산 철쭉제 개최에 맞춰 새롭게 등산로가 개설되기도 했다. 1회 철쭉제 당시 방송국에 근무하던 제주적십자산악안전대의 김종철 대장이 방송으로 중계하겠다고 나선 것이다. 이때 방송장비 일체를 백록담까지 운반하기 위해 비교적 수월한 등산 코스가 개척되는데 성판악 코스다. 지금 등산객들이 백록담을 오를 때 즐겨 이용하는 성판악 코스는 이렇게 해서 만들어졌다.

제2회 행사는 1968년 5월 26일 한라산 정상에서 열렸다. 철쭉제에 앞서 이를 소개하는 신문기사를 보면 행사장에서 철쭉 꽃잎으로 만든 떡과 철쭉꽃이 담긴 술을 참가자들에게 나눠 준다는 부분이 눈길을 끈다. 행사일정은 오전 6시 제주시를 출발하여 성판악 코스로 정상에 올라가서 철쭉제를 지내고, 서북벽, 장구

철쭉꽃 만발한 한라산 만세동산.

목, 용진각, 개미등, 탐라계곡, 산천단으로 하산했다. 참가자는 시민 70여 명과 서울 요산산악회장(회장 한순용), 308경보대대 장병, 관광객, 한국일보 사진기자, 제주산악회 안흥찬 회장과 회원 16명이 참석했다. 회비는 500원이었다. 이날 처음 추첨을 통해 선발한 철쭉여왕에는 도립병원에 근무하는 장보순 양이 뽑히는데 철쭉여왕은 요산산악회에서 그해 가을 강화도 마니산 추계 산제에 초청되기도 했다. 요즘의 감귤아가씨 선발대회보다 철쭉아가씨가 먼저 선발됐었다는 얘기다.

제3회 대회는 1969년 5월 18일 서울의 요산산악회와 대한산악회의 산악인 10여 명, 경기대학과 중앙대학, 충주여대 등 2백여 명이 참가한 가운데 백록담에서 진행된다. 제주산악회의 월례등반 보고서에 의하면 날씨가 좋지 않아 충분한 철쭉제를 지내지 못하고 돌아와 아쉽다는 내용이 눈길을 끈다. 이때는 서울에서

백록담에서 열린 철쭉제에서의 제문 낭독.

철쭉아가씨들과 함께.(원로산악인 안흥찬 소장 사진)

대한산악연맹과 요산산악회, 동아방송 기자까지 참가했고, 시민들의 경우 1백 명을 선착순으로 신청받아 참여케 했다. 회비는 500원이었는데, 참가자들에게는 기념배지와 왕복차량이 제공됐다. 이어 4회 대회는 윗세오름에서 열렸다.

한라산 철쭉제는 1969년 5월 제3회 행사까지 제주산악회에서 행사를 주최하고 1969년 6월 제주도산악연맹이 만들어진 후 1970년 제4회부터는 제주도산악연맹에서 주최하기 시작하여 현재까지 이어지고 있다. 철쭉제는 일반 시민들이 점차 많이 참석하고, 철쭉여왕을 뽑는가 하면 한라산 정상에서 결혼식을 올리는 등 행사가 다양해짐에 따라 방송국에서는 라디오와 텔레비전으로 중계방송까지 하기도 했다. 심지어 1972-75년 무렵에는 6만여 인파가 몰릴 정도로 인기를 끌었다.

1973년 제7회 한라산 철쭉제 때는 한라산 정상에서 결혼식을 올려 화제가 되

백록담 분화구에서 열린 철쭉제.

기도 했다. 주인공은 서귀포에 사는 장모(27) 군과 박모(23) 양으로 지난 철쭉제 때 백록담에서 우연히 만난 것이 인연이 되어 1년을 사귀어 오다가 이날 산상제가 끝난 뒤 결혼식을 올린 것이다. 예복은 등산복 차림이었고, 신랑의 가슴에 에델바이스(한라솜다리) 세 송이를, 신부의 가슴엔 철쭉꽃 세 송이를 꽂았다. 결혼식이 끝난 뒤 참석자들은 산사나이와 산아가씨의 노래를 합창하여 이들을 축복해줬다. 주례는 제주도산악연맹 명예회장인 홍병철 국회의원이 섰다.

하지만 점차 참가자가 많아지면서 산악안전과 자연훼손 문제가 대두돼 한라산 철쭉제는 1977년 11회 대회를 백록담 분화구에서 지낸 것을 끝으로 왕관능이나 선작지왓에서 산악인들만 조용히 모여 해 뜨는 시간에 철쭉제를 지내게 된다. 관광객 유치와 자연환경 보전이라는 서로 상충되는 현상이 나타난 것이다. 한라산 철쭉제에 대한 평가는 한라산의 경관을 공개적으로 알렸다는 순기능과 함께 수많은 사람들이 동시에 백록담 분화구에 운집, 훼손을 가속화했다는 역기능도 초래했다.

훗날 철쭉제가 한라산 훼손의 주범처럼 여겨지기도 했다. 실제로 1990년대 중반 제주도청에서 한라산 훼손의 문제를 제기하며 한라산 케이블카의 필요성을 역설하는데 이때 등장하는 사진이 백록담 분화구 안에서의 철쭉제 행사에 운집한 등산객들의 모습이었다. 여기서 간과하는 문제는 1970년대 초반 수만 명이 철쭉제에 참여할 당시 제주도청에서는 철쭉제에 공무원들을 동원시키기도 했다는 것이다. 시군 공무원 및 실과별로 할당구역을 지정하고, 출장비까지 지급하면서 말이다. 훗날의 평가에 대해 철쭉제 자체, 그리고 이를 주관하고 있는 산악인들에게 있어서는 다소 억울한 면도 없지 않을 것이다. 과거의 현상을 현재의 시각으로 판단한다는 것이 문제이다.

한때 자연훼손 문제를 이야기하며 산을 사랑하는 사람은 산을 찾지 않는다는 말이 유행했었다. 조금이라도 탐방객의 숫자를 줄여 훼손을 최소화하자는 얘기와 함께. 비슷한 이유로 한라산 철쭉제는 산악인들만의 행사로 치러지게 된다. 이렇게 한라산 철쭉제는 일반 시민들의 뇌리에서 잊혀져 갔다. 이 과정에서 1990년 7월 한라산에서의 취사행위가 금지되는 한편 철쭉제 등 각종 산악행사에 대해 개최장소 변경과 행사를 간소하게 치르도록 유도하기도 했다. 이후 등반객들의 자연보호에 대한 의지가 좋아지는 등 인식이 바뀜에 따라 1996년부터 공개된 장소인 윗세오름 광장에서 열리게 된다. 이는 1997년 한라산 눈꽃축제가 열리며 한라산의 자원을 관광상품화하자는 사회 분위기와도 맥을 같이하고 있다. 그리고는 2002년에 한국, 그리고 이곳 제주도 서귀포에서 열리는 월드컵의 성공을 기원하는 의식을 철쭉제와 병행해 백록담에서 거행했다. 비록 한 번에 그쳤지만 백록담을 벗어난 지 25년 만에 다시 백록담 동릉에서 철쭉제가 열린 것이다.

지금 한라산에서는 등산로 이외의 모든 곳이 통제구역이다. 이에 맞추어 한라산 철쭉제도 윗세오름 광장에서 열린다. 비록 주변에 만발한 철쭉꽃이 없어 아쉽지만 산악인들은 욕심 부리지 않는다. 한라산 서북벽과 남벽 등산로가 훼손돼 예전 모습을 찾을 수 없다는 사실을, 자연이 주는 교훈을 알기 때문이다.

한라산 등반사-1

예로부터 삼신산의 하나로 알려진 한라산은 옛 사람들이 무척이나 동경하여 누구나 한 번쯤 오르고 싶은 산이었다. 그리고 적지 않은 사람들이 한라산을 올랐으며 많은 기록을 남겼다. 하지만 한라산 등반을 기록으로 남긴 사람들은 육지부에서 내려온 관리들로, 극소수에 불과했는데 관리 자신에겐 한라산 등반이 유흥이었을지 모르나 당시 그를 수행한 백성들에게는 고역이었을 것이다.

1520년 제주에 귀양 왔던 김정은 한라산에 대해 이야기하면서 "내 귀양 온 죄인의 몸으로 그렇게 올라가 볼 수 없음이 애석하다"며 아쉬워했다. 최익현도 "이 산에 오르는 사람이 수백 년 동안에 관장(官長: 제주목사와 현감 등 벼슬아치를 이르는 말)된 자 몇 사람에 불과했을 뿐"이라고 말했다.

그렇다면 옛 선인들은 어느 코스로 한라산에 올랐을까. 기록에 나타나는 최초의 등산은 조선 세종 때로 달력을 관장하는 역관 윤사웅(尹士雄)과 최천형(崔天衡), 이무림(李茂林) 등 세 사람을 보내 노인성을 관찰하게 했다는 내용이 있다. 이어 심연원(沁連源, 1491-1558)과 『토정비결』로 유명한 토정 이지함(李之菡, 1517-1578)이 노인성을 보았다고 전해진다. 하지만 이들은 한라산에 올랐다는 기록만 있을 뿐 구체적으로 어느 지역으로 올랐는지 등에 대한 기록은 전혀 없다.

한라산에 오르는 구체적인 과정이 기록으로 남아 있는 것은 임제(林悌, 1549-1587)의 『남명소승(南溟小乘)』이다. 임제는 제주목사로 재직하고 있던 아버지 임진(林晉)을 찾아왔다가 한라산을 올랐는데 그의 기록은 훗날 한라산을 오르는 사람들에게 하나의 가이드북처럼 이용된다.

임제는 1578년 음력 2월 중순 산행에 제주목 서문을 출발해 도근천 상류를 거쳐 영실의 존자암으로 향한다. 당시 도근천 상류라 하면 무수천을 일컫는 것으로 보인다. 그리고는 영실에 위치한 존자암에서 4일을 묵은 후 어렵사리 정상에 올랐다.

마침내 날이 풀리자 영실 입구에서 남쪽 능선을 따라 선작지왓을 거쳐 정상에 오른다. 정상에서의 하산은 남쪽으로 길을 잡아 두타사로 내리는데, 무리하게 올라가서였는지 피곤에 지쳐 두타사에 도착한 후 바로 잠이 들어 버렸다. 두타사에 대한 구체적인 기록이 없어 현재까지도 그 위치에 대해 다양한 주장이 나오는 이유다.

존자암 코스는 이후 한라산 산행의 정석처럼 여겨지는데 1601년의 김상헌 어사, 1609년의 김치 판관, 1680년 이증 어사 등이 이 코스를 이용했다. 먼저 김상헌은 제주목 남문을 출발, 병문천과 한천을 지나 서쪽으로 나아간 후 무수천 지경에서 남쪽으로 방향을 틀어 존자암으로 향한다. 존자암에 도착했을 때는 금방이라도 비가 내릴 듯 흐려지자 일행들이 차라리 존자암 뒤에 제단을 만들어 제사를 봉행하는 게 어떠냐고 제안하지만, 이를 거절하고 정상으로 올랐다.

김치 판관은 노루생이오름, 삼장동을 거쳐 존자암에서 1박한 후 영실의 옛 존자암터인 수행굴, 선작지왓의 칠성대를 지나 백록담에 올랐다. 하산시에는 백록담의 북벽으로 내린 것이 이전과의 차이점이다. 새벽에 존자암을 출발하여 백록담을 거친 후 북쪽 코스로 하산했는데 해질 무렵 제주성으로 내렸으니 오늘날의 산행 일정과 비슷하다.

이증은 새벽에 일어나 식사를 한 후 남문, 연무정, 병문천, 한천, 무수천을 지나 용생굴에서 조반을, 존자암에서 점심을 든다. 이어 영실의 천불봉, 선작지왓의 칠성대, 좌선암을 거쳐 정상에 도착한다. 앞서의 김상헌과는 달리 이증 일행은 백록담 분화구 안에 장막을 치고 하룻밤을 묵었다. 여기서 새로운 지명이 등장하는데 용생굴(龍生窟)이다.

하산할 때는 영실에 들러 오백장군과 두 가닥의 빙폭, 존자암 옛터를 본 후 아침밥을 먹고는 무수천의 들렁귓소를 구경하고 이어 용매과원(龍寐果園)에서 점심식사를 한다. 용골과원 즉 지금의 용장굴을 이르는 말이다. 용장굴은 과거 용

영실의 적송지대. 조선시대 한라산 산행의 시작은 존자암을 전진기지로 삼아 영실 동쪽 능선을
오르고는 선작지왓, 남벽 코스를 이용해 백록담에 오르는 코스였다.

좟골(龍坐洞), 용골(龍洞) 등으로 불리는 과원이 있던 곳으로 지금의 흥룡사라는 사찰이 위치한 곳이다.

한편 이증의 산행에는 정의현감 김성구도 동행하는데 그의 『남천록』에는 영실동, 오백장군동, 천불봉을 지나 외구음불(外求音佛)까지는 말을 타고, 이후로는 가마를 타고 정상 바로 밑까지 간 후 지팡이를 잡고 걸어서 정상까지 오른 것으로 돼 있다. 외구음불이라는 지명이 어디를 말하는지 생각해 볼 필요가 있는데, 영실 동쪽 능선으로 선작지왓 남쪽의 급경사 지역이라 추정할 수 있다. 폐허가 된 존자암지에서 6-7리(3km) 거리에 위치한 영실 오백장군, 이어 존자암과 40리(16km) 거리인 외구음불, 외구음불에서 백록담까지의 거리가 15리(6km)라는 기록에 주목할 필요가 있다.

이후 백록담에서의 하산할 때 이증 일행이 올랐던 길을 되돌아오는데 반해 김성구는 백록담 아래 냇가에서 아침을 먹고 의귀원으로 하산, 저녁에 지금의 성읍리에 위치한 관아로 돌아간 것으로 돼 있다. 백록담에서의 구체적인 한라산신제 과정이 생략되고 임제의 기록에 나타나는 두타사 부분도 전혀 언급되지 않아

백록담에 남아 있는 조선시대의 마애명.

영실 구 등산로의 바위.

임제와 같은 코스였는지도 의문이다.

이형상 목사는 1702년에 백록담에 올랐는데 기록에 의하면 최초의 당일 산행이라 할 수 있다. 하지만 한라산 전체적인 개관에 대해서는 잘 나와 있으나 구체적인 등반 코스에 그 지역을 유추해 볼 수 있는 기록이 없어 정확한 코스는 알수 없다. 존자암에 대해 거주하는 스님이 없고 단지 헐린 온돌만 몇 칸 남아 있다는 내용으로 볼 때는 앞서의 사람들처럼 영실 코스를 이용했음을 알게 해 줄정도다.

이어 1800년대 들어서는 관음사 코스가 자주 이용되는데 1841년 이원조 목사와 1873년 최익현이 대표적이다. 이원조의 『탐라지초본』에 보면 한라산에 이르는 길이 별도로 소개되고 있다. 죽성촌에서부터 3소장을 지나고 숲그늘과 무성한 밀림을 지난다. 밀림이 끝나는 곳에는 대나무와 향기로운 나무가 우거져 있다. 돌이 많은 좁은 길이 매우 험하나 그것을 휘어잡고 의지하거나 기어올라서 꼭대기에 이른다는 내용이다.

실제로 이원조는 방선문 동쪽마을인 죽성촌에서 출발하여 백록담 북벽으로 정상에 오른 후 하산은 남벽을 이용 선작지왓을 지나 영실로 내렸다. 좀더 구체적으로 산행 과정을 알아보자. 죽성촌에서 1박한 후 새벽에 출발, 말을 타고 가다 산기슭에서 가마에 갈아타고는 험한 곳에서는 짚신을 신고 걷기를 반복하며 백록담에 오른다. 이어 백록담에서 하산할 때는 남벽으로 내린 후 서쪽, 즉 움텅밧과 선작지왓을 거쳐 영실에 이른다. 영실에서 장막을 치고는 노숙, 그리고는 날이 밝자 서북쪽으로 유수암(금덕), 광령 경계를 지나 4소장으로, 오후에는 해안동 리생이마을에서 말을 갈아타고는 제주목의 서문으로 돌아오는 코스다.

최익현은 1873년 제주도에 유배되어 6년간 이곳에 머물렀는데 1875년 2월 유배가 풀려 자유로운 몸이 되자 한라산 등반에 나섰다. 그 일정을 보면 남문을 출발해 방선문을 둘러본 후 동쪽에 위치한 죽성마을에서 넓은 집 한 채를 빌려 숙박, 다음 날 말을 타고 중산에 도착하는데, 관리들이 산행할 때 말에서 가마로 옮겨 타는 곳이라 설명하고 있다. 그리고는 나무꾼과 사냥꾼이 다니는 길을 따라 산으로 오르는데 탐라계곡을 건너고 삼각봉을 지나 백록담 북벽으로 정상에 오른다. 하산할 때는 남벽으로 내린 후 서쪽의 선작지왓 방향으로 이동, 바위에 의지하여 노숙을 한다. 기록에 나오는 한라산 최초의 비박인 셈이다. 다음 날 영실을 거쳐 저녁에 제주목으로 돌아오는 2박 3일 일정으로 진행됐다.

어쨌거나 한라산에 오르는 길은 처음에는 존자암을 전진기지로 하여 날씨가 풀리기를 기다린 후 영실 동쪽 능선을 따라 선작지왓, 그리고는 남벽으로 오르는 코스가 많이 이용됐다. 이후 1800년대 이후에는 방선문, 죽성, 탐라계곡으로 이어지는 오늘날의 관음사 코스와 비슷한 코스가 새롭게 등장한다.

한라산 등반사-2

제주의 20세기는 1901년 신축년의 항쟁으로부터 시작된다. 이재수의 난이라고
도 불리는 이 난리는 천주교를 앞세운 세력과 과도한 세금징수에 대항해 일어난
제주도민의 항쟁이었다. 그 과정에서 천주교도 3백여 명이 살해되고, 프랑스 해
군이 출동하는 등 제주는 국제분쟁에 휩싸인다. 나중에 프랑스는 피해보상을 요
구하며 당시 돈으로 6,315원을 받아갔고, 이를 도민 전체가 나누어 배상해야만
했다.

이처럼 시끄러운 난리가 끝난 지 얼마 지나지 않은 시점, 제주 땅에 몇몇의 외
국인들이 한라산을 찾아 들어온다. 대표적인 인물이 일본인 아오야기 츠나타로
오(青柳綱太郎)와 독일인으로 신문기자이자 지리학 박사인 지그프리드 겐테다.
이들로 시작된 1900년대 초반 외국인의 한라산 등반은 미지의 세계에 대한 호기
심에서 비롯됐다.

먼저 아오야기 츠나타로오의 기록을 보자. 그는 이재수난이 발발하자 친구와
함께 미복 차림으로 목선을 타고 제주에서 와서 10여 일을 체류하며 보고 느낀
점을 기록한 후 훗날 체신성의 말단관리로 재직하며 공무로 제주를 찾게 되자
조사의 모자란 점을 보완, 책으로 엮어내기까지 했다. 그의 기록은 1905년 3월
목포신보에 '대제주경영(對濟州經營)'이라는 글이 실리고 이어 같은 해 9월 일본
에서 『조선의 보고 제주도 안내』라는 책자가 발간된다.

그는 머리말에서 "제주 사정을 알려 많은 사람들이 제주로 건너가 사업을 하
는데 도움을 주고자 했다"고 밝히고 있는데 당시 제주목사였던 홍종우(洪鐘宇)
가 서문까지 써 주기도 했다. 한라산과 관련해 '한라산이 제주도'라는 부분을 소

1900년대 초반 외국인의 한라산 등반은 미지의 세계에 대한 호기심에서 비롯됐다.

개한 후 "산중에는 약초가 많고 또 사슴, 멧돼지, 토끼 등 산짐승과 그밖에 풀어 놓은 우마들이 무리를 이루고 있다"고 설명하고 있다.

한라산 높이가 1,950미터임을 밝힌 겐테 박사는 1901년에 겐테 박사 일행은 이재수난의 수습을 위해 제주에 미리 파견돼 있던 강화도 수비병 1개 소대의 호위를 받으며 도합 12명이 한라산을 오르게 된다. 등산 코스를 살펴보면 제주성을 출발해 해안을 따라 서쪽으로 이동하다 산으로 올랐다. 시내에서 중간쯤 올라가면 사찰의 유허를 볼 수 있다는 소리에 이를 찾아 헤맨 기록이 나오는데 영실의 존자암을 말하는 것 같다. 하지만 해발 1천 미터 지경까지 올라왔으나 존자암 터는 발견하지 못하고 헤매던 중 불빛을 발견, 이동하고 보니 나무꾼들이었다.

당시 나무꾼들은 가족까지 대동한 23명에 달하는 인원이 동굴에서 숙식을 해결하며 나무를 베어 내던 상황이었다. 이들과 함께 동굴에서 잠을 잔 겐테는 다음 날 영실을 올라 남벽으로 백록담에 올랐다. 백록담에 동쪽으로 올랐으면 길은 쉬워지지만 더 지루했을 거란 표현도 달고 있다. 다시 남벽으로 내려 영실의 동굴에서 박한 후 하산했는데 제주성을 출발한 지 3일째 되는 저녁에 제주성으로 되돌아온 것이다.

겐테 박사 일행은 등산로가 없는 상태에서 무작정 산행에 나섰기 때문에 한밤중이 되어도 숙소를 정하지 못해 무척이나 고생하게 된다. 나중에는 말이 앞서 나가는 방향을 따라가는 원시적인 방법으로 산을 올랐는데 이는 기록에 나타나는 한라산에서의 첫 야간 산행이라 할 수 있다.

뒤를 이어 1905년 7월 19세 어린 나이의 일본동경제대 학생인 이치시타(市河三喜)가 한라산을 오른 후 훗날 그 일정을 기록에 남겼는데 『한라산행(漢拏山行)』이다. 그의 산행에는 미국인 앤더슨과 함께 했다. 목포에서 일본어를 하는 조선인 통역까지 구한 후 1905년 8월 제주에 도착한 이치시타는 경찰서에 부탁해 인부를 고용했는데 당시 노임은 시내에서 1.2킬로미터 정도 떨어진 능화동(菱花洞)이라는 마을까지 500문((文)-1엔(円))을 주기로 하고 3명을 고용했다.

남문과 삼성사(삼성혈)를 거쳐 돌담으로 이뤄진 들판을 지나 초원지대, 소나무와 갈까마귀, 소와 말, 관목 숲을 거쳐 능화동에 도착했다고 했는데 능화동에 대해 7-8채의 인가로 이뤄졌고 삼림지대까지는 아직도 10수정(町)이 남았다고 표현하는 것으로 보아 능화오름 주변이 아닌가 추측해 볼 수 있다.

8월 10일 능화동에 도착한 이치시타는 다음 날부터 계속되는 비 때문에 비박과 민가에서 여러 날을 보낸 뒤 다시 선내로 내려갔다가 27일에 능화동으로 돌아왔으나 또다시 비가 이어져 본격적인 산행은 9월 4일 시작된다. 첫날은 삼림대와 조릿대 군락을 지나 삼각봉까지 갔다가 목동과 함께 하산했다.

이어 10일 삼각봉과 왕관릉을 보며 정상으로 접근했으나 절벽에 막혀 돌아오고 다음 날 지형에 대해 자세하게 설명하고 있는데 좌우에 큰 계곡이 두 개 있고 큰 절벽으로 끝나는 오른쪽 계곡에 천막을 쳤다는 것으로 보아 서탐라골(개미계곡)에서 야영을 했음을 알 수 있다.

9월 13일 8시 출발해 삼각봉을 지나 용진각 계곡으로 내려 계곡을 따라 오르다 왼쪽으로 튼 후 다시 오른쪽으로 올랐다니 왕관릉 남쪽 방면으로 해서 정상으로 향했음을 알 수 있다. 이날 기록에 의하면 앤더슨은 용진각 아랫부분 물이 나는 곳에서 야영했다는 사실도 확인할 수 있다.

소와 말이 한가로이 풀을 뜯고 있는 오름 자락.

어쨌든 이날 우마가 다니는 소로를 따라 백록담에 마침내 도착했는데 그 시
간이 11시로, 3시간 만이 소요된 것이다. 백록담에서 통역으로 동행했던 목포인
김용수 씨와 함께 수영까지 하며 여유를 부리다 다시 날씨가 흐려지자 오후 1시
하산, 앤더슨의 캠프에서 요기를 한 후 2시 30분 출발, 4시 능화동의 천막으로
돌아온 것으로 기록돼 있다.

일제강점기 초기인 1911년 슈우게츠(大野秋月)는 『남선보굴 제주도(南鮮寶窟
濟州島)』라는 책을 통해 한라산 산행 코스에 대해 자못 소상하게 소개하고 있
다. 먼저 정상에 오르는 길은 제주 성내에서와 서귀포에서 출발하는 두 개가 있
다며 제주성내에서는 3킬로미터, 서귀포에서는 2킬로미터가 걸린다고 말한다.
이와 함께 길이 험준해 쉽게 등반할 수 없다며 만일 시도하고 싶으면 4-5일분의
양식과 야영준비를 하고 가야 한다고 경고한다. 또 계절은 5월부터 11월 초순까
지가 적당하다고 밝히고 있다.

제주성내에서 출발하는 코스를 보면 처음 1.2킬로미터 고지대라고 부를 만한

고원으로 작은 오름과 밭이 이어지는데 이곳을 지나면 설화동(雪花洞)이라 불리는 산록에 도착한다. 설화동에는 조선인 가옥 2호가 있다고 소개하고 있는데 앞서 이치시타는 능화동이라 소개한데 반해 슈우게츠는 설화동이라 표기한 부분이 눈길을 끈다. 혹 당시 이 지역 사람들이 부르는 이름이 아닌 자신이 편의상 지어낸 이름일지도 생각해 볼 문제이다.

이어 설화동에서 16킬로미터는 잡목림으로 졸참나무, 메밀잣밤나무 등이 많고 이곳에서 계곡으로 내려 7백 미터쯤 더 가면 삼림대는 끝나는데 한라산 7부 능선에 해당한다고 말한다. 여기서부터 상부는 계곡사이에 메밀잣밤나무가, 그리고 약간의 관목이 있고 대부분은 제주조릿대가 덮고 있다고 소개한다. 이어 거대한 절벽을 오르면 정상에 닿는다고 밝히고 있다.

서귀포에서 오르는 코스는 1킬로미터가량 오르면 후지타(藤田)의 표고 재배장 3호 헛간에 이르고 1킬로미터쯤 더 오르면 정상에 닿는다고 소개하고 있다. 본격적으로 표소버섯 재배사가 한라산 산행에 있어 숙소로 이용되기 시작한 것이다. 이후 표고버섯 재배사는 1970년 때까지 산악인들이 즐겨 이용하게 된다.

1928년 여름에는 제주에서 조선교육회 주최로 하계대학 강좌가 열려 150명 이상이 참가하고 이들 중 일부의 발표 논문들이 『문교의 조선』 10월호에 게재되기도 한다. 당시 이들은 3박 4일 일정으로 제주읍을 출발하여 정오께 삼의양악과 관음사를 거쳐 백록담에 오른 후 서귀포로 하산했다. 이들 역시 표고버섯 재배사를 숙소로 이용했다.

여기에는 경성일보 기자인 무카에 켄고의 「제주도의 추억」이라는 글이 실렸는데, 진해에서 해군의 군함을 타고 산지항으로 입도해 한라산을 오르는 과정이 소개되고 있다. 특이한 것은 한라산에 오를 때 일행 중에 강수선이라는 여성이 있었다며 제주 여성의 강인함을 소개하고 있다.

한라산 등반사—3

옛날 한라산을 오른 산행 기록 대부분이 제주 사람이 아닌 외지인에 의한 기록이다. 조선시대의 경우 육지부에서 내려온 관리나 유배인들의 기록이고, 1900년대에 들어선 이후에는 일본인을 비롯한 외국인과 각종 학술조사 명목으로 한라산을 찾은 이들이 기록으로 남겼다.

그렇다면 한라산을 삶의 터전으로 삼아 이 땅에 살아가는 제주 사람들이 경우 한라산을 어떻게 올랐을까? 현재까지 알려진 한라산 산행 기록을 남긴 제주인은 1895년의 김희정 씨다. 조천 출신으로 평생 후진 양성에 매진했던 김희정 씨는 그의 나이 52세에 처음으로 한라산을 오르게 된다. 제주도의 모든 사람들이 늘 한라산을 보면서 자랐듯이 그 또한 창문을 열면 한눈에 들어오는 한라산의 풍광을 보면서 생활했다.

그의 산행에서 눈길을 끄는 것은 기존에 알려진 현재의 등산 코스가 아닌 새로운 코스를 이용해 한라산에 올랐다는 것이다. 즉 조천을 출발해 궷드르, 괴평촌이라 불리는 와흘리에서 안내를 맡은 사냥꾼들과 합류한다. 이어 대나오름, 단애봉 등으로 불리는 절물오름에서 점심식사 후 도리석실이라 불리는 동굴에서 1박을 한다.

다음 날 힘들게 전진하다가 "서쪽에 좁은 길이 있다는데, 왜 험한 길로 안내하느냐"고 안내하는 이들에게 힐난하기까지 했다고 한다. 이에 동쪽이 가깝기 때문이라는, 출발지가 조천임을 감안하면 당연한 이야기를 듣게 된다. 제대로 정비되지 않은 코스를 고생하며 올랐음을 알 수 있다.

이와 관련하여 제주발전연구원의 기관지인 『제주발전포럼』에 번역문을 실었던 백규상 선생은 현재의 산천단 코스에 해당한다고 소개하고 있는데, 필자의 견해는 이와 다르다. 산천단 코스라면 관음사 코스를 지칭하는 것 같은데, 이곳이 아닌 물장올에서 속밭을 거쳐 백록담에 오르는, 즉 관음사의 북동 능선으로 오른 게 아니냐는 것이다. 1963년 부종휴 선생이 제안했던 바로 그 코스다.

어쨌거나 1800년대 후반부터 등산로의 다변화가 이루어지고 있음을 알 수 있다. 그리고 이 코스는 1900년대 들어서도 계속 이어진 것으로 추정되는데 1930년대 후반 부종휴 선생이 당시 13세의 나이로 성널오름의 성널폭포에 물을 맞으러 갔다는 회고담을 통해서도 확인할 수 있다. 그렇게 추정하는 이유는 조천과 구좌 지역에서 성널오름에 가려면 속밭을 거치게 되는데 앞서 김희정 씨가 오른 노선과 바로 인접해 있기 때문이다.

한편 김희정 씨의 기록에서 보면 사냥꾼을 길잡이 삼아 올랐다고 했는데, 지역주민들 중 한라산에 오르는 경우는 사냥꾼 외에도 방목 중인 소와 말을 돌보는 테우리(목동), 약초를 캐는 이들, 화전민 등이 해당한다.

그들이 직접적으로 남긴 기록이 없으니 외지인들이 남긴 기록에서 그들의 발자취를 찾아볼 수밖에 없다. 먼저 1920년대의 풍경으로 성널폭포에서 물맞이를 하는 사진이 있다. 아낙네 7명이 폭포에서 떨어지는 물을 맞는 모습으로, 물맞이는 신경통 등에 효험이 있는 것으로 전해진다. 해발 1,215미터인 한라산 중턱의 성널오름까지 물을 맞기 위해 갔다는 사실이 놀라울 따름이다.

한라산에서의 물맞이 장소는 성널폭포만 있는 게 아니다. 이은상 시인의 기록에 의하면 어리목의 계곡에서 물맞이하는 부녀자들의 모습을 봤다고 말하고 있다. 어리목이라면 제주시 노형동이나 애월읍 광령리 일대 주민들이 물맞이 장소로 이용했던 것으로 추정된다. 요즘의 경우 제주에서의 물맞이는 서귀포의 바닷가에 위치한 소정방폭포에서 이뤄지는데 예전에는 한라산 계곡에서 물맞이를 했던 것이다.

사진으로 전하는 일제강점기 한라산의 모습은 물맞이 외에 사냥꾼과 테우리, 화전민의 모습 등도 보인다. 1935년 12월 말 한라산에 올랐던 경성제대 산악부의 기록에 의하면 눈 덮인 한라산에서 가죽옷과 설피를 착용하고 개를 끌고 다니는 사냥꾼 사진이 나온다. 화전민의 경우 1914년의 사진이 전하는데 제주도

오늘날의 등산로 대부분은 목동과 사냥꾼, 약초꾼이 다니던 길에서 발전했다.

특유의 개가죽으로 만든 두루마기와 가죽신, 머리에는 정동벌립을 쓰고 있는 모습이다. 1929년 조선총독부가 펴낸 『제주도 생활상태조사』에 의하면 화전민들은 울창한 산림에 불을 놓아 2-3년 동안 보리와 조, 산디 등을 재배하다가 지력이 떨어지면 다른 곳으로 옮기는 생활을 했다. 겨울에는 주로 사냥을 하며 짐승이나 털가죽을 팔아 생계를 꾸렸다. 주로 안덕면의 동광리 일대에 화전민 마을이 많았다.

화전민에 대한 기록은 1937년 국토순례 행사의 일환으로 한라산을 오른 이은상 시인의 글에서도 소개되는데, 하산할 때 모새밭(선작지왓) 너머 영실로 하산하는데 이곳에서 화전민의 딸로 추정되는 여자아이가 시로미를 캐고 있었다는 것이다. 이은상 일행은 그 소녀의 안내를 받은 후 한라산 산행에서 가장 땀나는 급경사를 내렸다는 기록으로 보아 소녀를 만난 지점이 영실 동쪽 능선지대 위쪽의 선작지왓 지경이라 여겨 볼 수 있다.

영실 일대에는 화전민만 있었던 것은 아니다. 1901년 한라산을 찾은 겐테 박사의 기록에 보면 나무꾼 이야기가 나오는데, 가족까지 대동한 23명에 달하는

왕관릉의 동북쪽에 위치한 가메왓에서 풀을 뜯는 소떼. 한라산에서 방목 중인 소와 말의 관리를 위해 많은 수의 주민들이 한라산을 오르고 내렸다(만농 홍정표 사진. 제주대박물관 소장).

인원이 동굴에서 숙식을 해결하며 나무를 베어 내고 있었다고 소개하고 있다. 겐테 일행은 이들 나무꾼의 길 안내를 맡으며 야간 산행, 영실에 위치한 그들의 숙소인 동굴에서 하룻밤을 보내기도 했다. 그들의 복장에 대해서도 설명하고 있는데, 거친 가죽옷, 목화솜을 넣은 헐렁한 바지, 털가죽 모자와 귀덮개 등등이다.

이러한 특별한 목적과는 달리 1900년대 전반기 제주도민들이 한라산에 오른 가장 큰 이유는 방목 중인 소를 돌보기 위해서였다. 1905년 여름 19세 어린 나이의 경성제대 학생인 이치시타(市河三喜)가 두 달에 걸쳐 한라산을 오른 후 훗날 그 일정을 기록에 남겼는데 지금의 관음사 코스에서 만난 목동 이야기이다. 즉 삼각봉 가기 전 지점에서 두 마리의 소를 모는 목동을 만나 그 뒤를 따라 삼각봉까지 전진했다는 것이다. 이치시타는 며칠 뒤 삼각봉, 용진각 계곡을 지나 왕관릉 남쪽 방면으로 해서 정상으로 향하는데 우마가 다니는 소로를 따라 백록담에 도착할 수 있었다.

한라산에서의 방목은 1980년대 중반까지도 이어졌다. 대부분 여름 한철 한라산에서 방목하는 것으로 백록담까지 소들이 드나들 정도였다. 한라산에서의 방목은 진드기 피해를 예방할 수 있다는 이점이 있다. 실례로 노형동의 기록에 의하면 한라산에서 방목하는 오립쇠(野牛)는 아흔아홉골에서 백록담에 이르는 '상산'에서 방목했다고 한다.

　구체적으로 정존마을은 아흔아홉골 부근에서, 광평마을은 큰두레왓이나 장구목 너머에 있는 '왕장서들' 아랫 부분인 '도트명밭'에서 방목했다고 밝히고 있는데 이곳에서는 오라동과 이호동, 도두동, 연동의 주민들도 함께 이용했다고 한다. 또 광평이나 월산마을인 경우는 어승생 서쪽의 '서평밭'과 만세동산, 백록담에 이르는 '웃중장'에서, 일반 소는 '알중장'에서 방목해 소를 보러 가기 위해서는 첫닭이 울 무렵 집에서 출발해야만 했다고 증언하고 있다.

　결국 방목 중인 소와 말을 관리하기 위해 백록담까지 숱하게 올랐다는 얘기다. 이들에게 있어 한라산은 경관을 구경하기 위한 장소가 아니라 삶의 터전이었다. 그리고 당시 소와 말이 다니던 길을 따라 사람들이 다니기 시작했고, 이것이 훗날 등산로로 개발되는 과정을 거치게 된다.

한라산 등반사—4

2013년 한라산국립공원을 찾은 탐방객수가 102만 명을 넘어선 것으로 집계됐다. 이는 지난해 같은 기간의 96만 5천 명보다 5퍼센트 가량 증가한 수치다. 계절별로는 1월 12만 3,558명, 4월 10만 1,604명, 5월 13만 5,758명, 10월 14만 8,960명 등 4개월에 걸쳐 월 탐방객 10만 명을 넘겼는데 겨울철을 비롯해 진달래와 철쭉이 피는 봄, 그리고 단풍철에 많은 등산객이 몰렸음을 알 수 있다. 이는 2012년의 1월 11만 4,183명, 5월 14만 80명, 10월 14만 9,825명과도 비슷하다.

등산로별로는 어리목이 35만 1명으로 가장 많았고, 이어 성판악 38만 1,379명, 영실 22만 3,624명, 관음사 5만 3,134명, 돈내코 1만 2,080명 등의 순이었다. 결국 백록담을 목적으로 하는 등산객들은 대부분이 성판악 코스를 이용했고, 어리목이나 영실 코스의 경우는 골고루 몰리는데 특히 어리목 코스의 경우 수학여행단 등 단체 등산객이 많았다는 얘기다.

관음사 코스 또한 정상까지 갈 수 있으나 성판악 코스에 비해 상대적으로 험하기 때문에 등산보다는 하산 코스로 이용하는 경향이 짙다. 영실 코스도 크게 다르지 않은데 탐방안내소까지만 버스 운행이 가능하기 때문에 여기에서부터 휴게소까지 1시간 가까이 걸어야 하는 부담감으로 인해 교통편이 편리한 어리목 코스를 선호한다고 볼 수 있다.

그렇다면 과거 한라산의 등산 코스는 어떤 변화 과정을 거쳤을까. 원로 산악인들의 이야기를 종합해 보면 1940년대 초반 상당수의 젊은이들이 일제의 징병을 피해 한라산으로 숨어들었다고 한다. 이들은 심지어 백록담까지 올라가 피신했는데, 일제의 패망 직전 어승생악, 새미오름 등 한라산이 일본군들에 의해 군

사기지화하면서 해방될 때까지는 더 이상 한라산에 올라갈 수가 없었다.

해방 후 산악단체의 한라산 첫 공식 등반은 1946년 2월 26일부터 3월 18일까지 한국산악회가 국토구명사업으로 실시한 '제1회 한라산 학술등산대'였다. 하지만 진정한 의미의 적설기 등산으로는 좀 늦은 때였다는 지적이 제기되며, 1947년 말부터 제대로 된 적설기 등산을 하자는 분위기가 산악회 내부에서 대두된다.

그리고는 1948년 1월 본격적인 산행에 들어갔는데, 40년 만의 폭풍설이 몰아쳐 1월 16일 귀중품과 식량만을 챙긴 채 급속하게 하산을 재촉해야만 했다. 그 과정에서 많은 눈이 쌓인 탐라계곡에서 등반대의 대장이었던 전탁 씨가 사망하는 사고가 발생했다. 해방 후 우리나라에서 처음 발생한 산악 조난사고다.

한라산의 비극은 여기에 그치지 않는다. 몇 달 뒤 제주 역사상 최대의 비극인 4·3사건이 발발, 한라산은 금족의 땅으로 변한다. "해안선으로부터 5킬로미터 이상 떨어진 중산간 지대를 통행하는 자는 폭도의 무리로 인정하여 총살하겠다"는 무시무시한 포고문이 발표되고 1954년 9월 21일 금족지역을 해제할 때까지 6년여에 걸쳐 한라산은 철저하게 고립된 것이다.

한라산이 전면 개방됨에 따라 등산의 발길이 이어지는데 그 시작이 같은 해 10월 5일 제주초급대학 학생들 120명 전원이 사각모를 쓰고 한라산을 오른 것이다. 당시 이들은 아흔아홉골과 어승생 사이로 올라 큰두레왓을 거쳐 정상에 올라 백록담 물을 떠다가 저녁밥을 지어 먹었다. 당시 산행에 참여했던 인사들의 기록에 의하면 아직도 산에 무장대가 남아 있을지 몰라 총을 든 이들도 동행했다고 한다. 이외에도 한라산 개방을 기념하는 등반대회가 기관, 직장, 단체별로 잇따라 열려 한라산 개방 후 1955년 봄까지 전국 15개 산악회가 한라산을 등반한 것으로 기록되어 있다.

한편 한국산악회는 1956년 1월, 제1차 적설기 한라산 등반대를 꾸리는데. 등반대에는 해병대 통신반 3명이 참가하고 경찰에서는 개미목까지 경비경찰을 대동시키기도 했다. 등반대는 3개조로 나눠 백록담 정상으로 향하는데 A,B조 8명은 개미목에 1캠프, 탐라계곡에 2캠프를 설치하고, 서귀포를 출발 남벽으로 오르는 C조는 남벽 아래에 캠프를 설치했다. 하지만 이들의 산행은 전문산악인들의 알피니즘 스타일로 진행된 것이라 요즘의 한라산 등산과는 거리가 있다.

4·3 직후 제주인의 한라산 산행은 식물학자인 부종휴 선생을 비롯하여 이기형, 고영일 씨 등이 선두주자였다. 부종휴 선생의 경우 1952년 가을을 기점으로 4·3사건이 누그러들자 당국의 허가를 받아 무장경관을 대동하고 한라산에 식물을 채집하러 다녔다. 1953년도에 부종휴 선생과 함께 오른 현임종 씨의 기록을 보자. "부종휴가 한라산에서의 식물채집을 위해 당국으로부터 어렵사리 입산허가를 신청하자 당국에서는 무장경관 3명이 호위하는 조건으로 허가한다. 3박 4일 일정으로 계획된 산행은 관덕정을 출발해 산천단에서 점심을 먹고 불타 버린 관음사까지 이동, 1박을 하게 된다. 이어 둘째 날 나대로 가지치기를 하며 산행에 나서 탐라계곡에서 점심을 먹고 개미등을 거쳐 용진각에 도착, 개울물에 목욕을 한 후 비박을 한다. 그리고는 셋째 날 왕관릉으로 올라 백록담에 도착하고

이어 남벽으로 하산해 영실의 옛 절터에서 다시 1박한 후 다음 날 서귀포 하원 동으로 하산했다"는 것이다. 당시의 영실 코스는 지금의 등산로가 아닌 선작지 왓 탑궤보다 영실의 동쪽 능선을 타고 내리는 코스다. 당시의 산행 코스는 불타 버린 관음사를 거쳐 용진각, 왕관릉, 정상으로 이어지는 지금의 관음사 코스와 영실 코스, 그리고 서귀포 방면의 남성대 코스를 주로 이용했다. 훗날 많은 사람들이 백록담으로 오를 때 이용했던 서북벽의 경우 그 이후의 일이다.

서북벽은 조면암으로 이뤄진 바윗덩어리가 급경사를 이룬 곳인데 1950년대 후반 당시 산에 다니던 산악인들이 이곳에 등산 루트를 개척한 것이다. 이와 관련하여 부종휴와 김종철 씨가 징과 망치를 이용해 삼 일 동안 파서 발을 디딜 수 있도록 계단을 만들었다는 전설적인 이야기와 더불어 현임종이 백록담에 갈 때마다 나대를 이용해 홈을 판 것이라는 주장도 있다. 이때 만들어진 서북벽 코스는 이후 1980년대 중반까지 백록담에 오르는 모든 사람들이 애용하던 등산 코스다. 특히 1973년 1,100도로가 개통되자 어리목과 영실로의 접근이 수월해져 모든 등산객들이 이곳으로 몰렸다. 얼마나 혼잡이 심했는지 1979년 5-6월 중 휴일에는 서북벽 코스를 이용함에 있어 시차제를 적용하기도 했다. 즉 서북벽을 정오까지는 등산만, 오후에는 하산만 가능토록 했던 것이다.

한편 1973년 5월에는 서귀포산악회에 의해 돈내코 등산로가 개척되는데 종전의 남성대 등산로가 길이 험한 까닭에 새로운 등산로를 개척한 것이다. 이에 따라 하산 시간이 남성대의 5시간에서 3시간으로 2시간 단축된다고 소개되기도

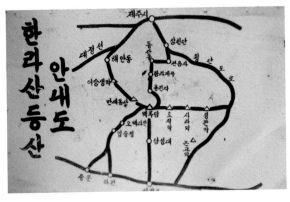

1960년대 후반의 한라산 등산 안내도.

1970년대 서북벽으로 백록담에 오르는 등산객들.

했다. 이 과정에서 1978년 1월 제주도는 한라산 자연보호를 위해 백록담에서의
야영 및 집단행사를 금지하는 한편 5개 코스 이외의 입산을 단속하기 시작했고,
1979년 5월 한라산 보호와 등산 질서유지, 안전을 고려해 등산로 중 관음사와
돈내코 코스는 하산만 허용하기도 했다.

등산로 훼손이 가중되면서 1986년 5월에는 어리목과 영실 코스의 윗세오름에
서 서북벽을 거쳐 정상에 오르는 구간이 폐쇄되고 내신 남벽 코스가 새로이 개
설된다. 이에 따라 서북벽을 이용해 정상에 오르던 인파가 일시에 남벽으로 몰
리며 이곳 또한 1994년 7월 윗세오름-남벽 정상마저 폐쇄되기에 이른다. 불과 6
년 만의 일로 10년 앞도 내다보지 못했다는 비난이 이어지는 이유다.

지금처럼 성판악 코스와 관음사 코스를 이용한 백록담 등반을 전면 개방한 것
은 2003년의 일이다. 한라산에서는 등반이 허용된 어리목과 영실, 관음사, 성판
악, 돈내코 코스 등 5개소 이외의 모든 지역은 출입제한구역이다. 서북벽이나
남벽의 사례에서 보듯이 한 번 훼손된 자연은 복원이 쉽지 않다. 아니 영영 되돌
릴 수 없을지도 모른다. 함께 지키고 보호하고 지켜야 할 이유가 여기에 있다.

황당한 조난자들

얼마 전 한라산 남쪽 중턱인 도순동 한라산 둘레길 인근 계곡에서 길을 잃은 할머니를 수색 중인 민관합동구조대가 실종신고 18시간 만에 발견, 구조했다는 기사가 났다. 기사에 의하면 일행 2명과 함께 무속행위를 하려고 한라산 중턱 법정사 인근 계곡 암자를 찾았다가 혼자서 제물을 가지려 되돌아갔다가 길을 잃었다는 것이다.

당시 현장에 출동했던 제주적십자산악안전대 대원들의 이야기를 들어 보니 기사와는 약간 다른 내용도 보인다. 비닐로 움막처럼 만들어진 기도터를 중심으로 새벽 5시까지 샅샅이 수색했지만 찾지 못하고 아침에 다시 기도터에 가서 보니 그곳에 할머니가 있더라는 것이다. 그래서 같이 하산할 것을 종용했지만 할머니가 기도를 해야 한다며 버티는 바람에 놔두고 하산할 수밖에 없었다고 한다. 119구조대와 경찰, 적십자 산악안전대원 등 130여 명이 동원돼 수색에 나섰던 조난신고는 이렇게 일단락된다.

한라산에서는 매년 크고 작은 사고가 발생한다. 지난 10년간의 사고만을 보더라도 한라산국립공원 관리사무소의 집계에 의하면 2003년 65건을 시작으로 2004년 116건, 2005년 118건에 134명, 2006년 69건에 94명, 2007년 87건에 109명, 2008년 57건에 65명, 2009년 70건에 94명, 2010년 62건에 70명, 2011년 76건에 81명, 2012년 61건에 73명이 조난사고를 당했다. 2013년의 경우도 8월 말 현재 65건에 75명의 조난신고가 접수되어 출동했다.

사고 유형을 보면 과거 1960-70년대에는 등산로가 제대로 정비되지 않아 등산로를 이탈하거나 기상악화에 따른 사고가 많았었다. 예를 들면 한라산의 경우

기상이 악화될 경우 순식간에 시야가 가리는 화이트아웃 현상이 발생하는데 이럴 때 등산로를 잃고 숲속을 헤매는 경우가 많았고, 폭우로 갑자기 불어난 계곡의 물에 빠져 사망하거나 탈진으로 바위틈에서 비박하다가 동사하는 경우도 종종 발생한다. 심지어는 백록담에서 수영하다 심장마비로 사망하는 사고도 있었다.

최근 들어서는 탈진과 골절, 부상, 조난 등의 사고가 많이 발생한다. 가장 큰 변화는 요즘은 모두가 휴대폰을 소지하고 있기에 쉽게 조난신고를 한다는 것이다. 구조현장에 출동하다 보면 휴대폰이 많은 이의 생명을 구한다는 느낌이 들 정도이다. 2003년 5월 2일. 영실의 지옥문이라 불리는 절벽의 중간지점에서 구조된 50대 남자의 경우를 예로 들어 보자. 당시 홀로 산행에 나섰다가 등산로를 잃고 영실 동쪽으로 하산하다 절벽 중간지점에서 오르지도 그렇다고 내리지도 못하는 상황이었는데, 휴대폰이 있기에 조난신고를 할 수 있었던 사례. 2004년 5월, 탐라계곡의 삼단폭포 중턱에서 구조요청을 했던 제주시내 모 직장의 산악회원들 역시 예외는 아니다. 과거에는 일행 중 한 사람이 국립공원관리사무소나 인근 표고버섯 재배 사옥까지 가서 직접 조난신고를 하던 때와는 달리 신속

Y계곡에서 실종자를 수색 중인 산악구조대원들.

한 신고가 가능해졌다.

수색에 나선 구조대를 당혹스럽게, 또는 허탈하게 만드는 사례들도 많다. 이번 법정사 인근 조난사고의 경우 아침에 구조대에 발견된 할머니는 구조 요청 후 밤중에 도로로 무사히 나올 수 있게 되자 집에 가서 자고 아침에 왔다는 얘기까지 하더라는 것이다. 믿을 수 없는 얘기지만. 이처럼 황당한 조난사고는 한라산에서 심심치 않게 발생한다. 별 탈 없이 사고가 수습됐다는 것에 만족해야 하는 그런 사고가 적지 않다는 얘기다.

휴대폰 이야기가 나왔으니 휴대폰과 관련된 황당한 한라산에서의 조난사고에 대해 소개하고자 한다. 2004년 5월 22일. 국립공원관리사무소로 한 통의 조난신고가 접수되는데, 수학여행 왔다가 한라산에 오른 여중 학생이 실종됐다는 내용이다. 이에 관리사무소 직원과 산악안전대 대원들이 출동, 수색에 나섰는데 휴대폰으로 위치 추적을 해 보니 한라산이 아닌 제주시내 신제주로 확인된 것이다. 이에 PC방 등을 중심으로 검문에 나선 경찰이 이 학생을 발견한다. 성판악 코스로 등산하다 일행과 떨어져 혼자 하산해 버린 것을 모르고 담당교사가 조난신고를 했던 것이다.

더욱 황당한 사례 하나. 2004년 1월 6일. 한라산 성판악 코스에서 실종됐다고 신고된 등산객이 홀로 하산해 상경, 자택에 도착한 것으로 드러나 출동했던 구조대가 철수하는 해프닝이 벌어지기도 했다. 일행 38명과 함께 한라산 등반에 나섰던 72세 노인이 실종됐다고 D여행사에서 신고해 옴에 따라 산악구조대와 청원경찰, 산악안전대 대원들이 수색에 나선다. 그리고는 신고 접수 4시간 뒤 일행 중 한 사람이 실종됐다는 노인과 전화통화가 성공하여 홀로 하산한 사실이 확인된 것이다.

등산 도중 더위를 피해 잠시 잠을 자다가 밤이 되는 바람에 길을 잃고 폭우 속에 숲속을 헤매다 실종 3일 만에 무사히 발견되는 사례도 있다. 2000년 5월 성판악 코스로 하산하던 여대생 이모 씨는 속밭 부근 나무숲에 들어가 잠시 잠이 들었는데 어두워질 때까지 깨어나지 못했던 것. 이에 일행이 조난신고를 했고 구조대 300여 명과 심지어 구조견까지 투입됐지만 찾지 못하고 다음 날은 엄청난 폭우까지 내리는 최악의 상황으로 돌변했다. 이에 이씨는 이동을 포기하고 성널

2004년 5월, 탐라계곡의 삼단폭포 중턱에서 구조요청을 해온 제주시내 모 직장 산악회 회원들을 구조하기 위해 출동한 제주적십자산악안전대 대원들.

오름 북사면의 동굴에서 하루를 잔 후 결국은 3일 만에 논고악 부근에서 구조된다. 모 대학의 유도선수인 이씨는 체력이 좋았는데 무엇보다도 폭우에 무리하게 움직이지 않았던 게 무사히 구조될 수 있었던 요인으로 평가받고 있다.

한라산의 조난사고 중 가장 황당한 사례는 1968년 1월 발생한 이화여대 산악반의 조난소동이다. 먼저 하산해 버린 포터의 과장된 신고가 사건의 발단이었다. 당시 이화여대 산악반은 여대생팀으로는 최초로 적설기 한라산 등반에 나섰는데, 이때 계속되는 폭설에 겁을 먹은 포터들이 대원들과 실랑이 끝에 삼각봉에서 먼저 하산한 후 조난신고를 해 버린 것이었다. 더욱이 대원들이 몹시 지쳐 있고, 식량도 비상식량으로 준비한 건빵 몇 봉지가 전부라는 말까지 하는 바람에 절망적인 상황으로 확대된 것이다.

이에 따라 당시 언론에 '폭설 속에 추위와 굶주림에 지쳐 구조도 절망적'이라는 기사까지 게재될 정도였다. 급기야 적십자산악안전대가 출동하고 뒤이어 서울에서 한국산악회 구조대가 공군기를 타고 급파되는 상황까지 이르게 된다.

그리고는 1차 출동한 제주적십자산악안전대 구조대가 탐라계곡대피소에서 노래를 부르며 휴식을 취하던 이들을 발견하면서 에피소드는 22시간 만에 일단락된다. 당시 등반대의 리더가 말한 "조난이 아닌 대피였다"는 표현이 한때 산악계에 회자되기도 했다.

뒤이어 1971년 2월에는 서울공대 산악부팀이 소식이 끊기자 조난당한 것으로 판단, 대통령의 지시로 서울에서 군용 헬기 2대까지 투입되는 등 소동이 벌어지기도 했다. 그 무렵 5미터가 넘게 눈이 쌓이는 등 폭설이 계속되자 한라산에서 훈련 중이던 다른 팀들은 철수한 반면 서울공대팀은 탐라계곡에서 끝까지 훈련을 강행한 가운데 앞서 철수한 팀이 서울공대팀을 만나지 못했다고 하자 언론이 이를 조난으로 여겨 기사화하는 바람에 큰 소동으로 확대된 것이다.

이에 따라 관음사에 구조본부가 설치되고, 경찰서장이 수색본부장으로 나서는 등 전 국민의 이목이 집중된다. 한편 용진각대피소에서 눈사태까지 겪은 서울공대팀은 구조시작 72시간 만에 구조대에 발견된 후 개미등에서 헬기를 타고 제주공항으로 내려왔다. 대통령까지 나서는 등 요란을 떨다가 하산, 마무리된 것이다.

한라산, 아니 자연은 무척이나 자애로우면서 다른 한편으론 냉혹함을 안겨 준다. 특히 한라산은 해안 저지대에서 볼 때는 무척이나 완만하게 느껴진다. 해서 쉽게 생각하는 경향이 있다. 하지만 한라산은 1,950미터로 우리나라에서 가장 높은 산이다. 근대 산악의 개념으로 봤을 때도 우리나라에서 처음 산악사고로 사망자를 낸 곳도 한라산이다. 모든 사고가 그렇듯이 사전에 철저하게 준비하여 예방을 하는 것이 최선이다.

만장굴과 부종휴 선생

제주도는 2002년 생물권보전지역을 시작으로 2007년 세계자연유산, 2010년 세계지질공원 인증으로 유네스코의 자연과학분야 3관왕이라는 타이틀을 소유하고 있다. 세계자연유산에 등재된 '제주 화산섬과 용암 동굴'은 한라산 천연보호구역과 뱅뒤굴, 만장굴, 김녕굴, 용천동굴, 당처물동굴을 포함하는 거문오름 용암 동굴계와 성산일출봉이다.

제주 세계자연유산의 가치는 2006년 10월 제주도에서 현지조사를 수행한 세계자연보존연맹(IUCN)이 2007년 5월 제출한 기술심사 보고서에 잘 나타난다. 제주 화산섬과 용암 동굴을 세계자연유산으로 등재할 것을 권고하고 있는 보고서에서 '다른 지역과의 비교' 항목과 관련하여 "제주도의 가장 중요한 특질은 용암 동굴"이라며 "거문오름 용암 동굴계의 동굴들은 그 길이나 양적 규모, 복잡한 통로 구조, 동굴 내부의 용암 지형이 잘 보존되고 있다는 점, 다양한 장관을 이루는 2차 생성물, 접근 용이성, 그리고 이들의 과학 및 교육적 가치가 크다는 점에서 세계적 중요성을 갖는 것으로 여겨진다. 세계 다른 지역에도 길이나 양적 측면에서 제주도 용암 동굴에 필적하는 것들이 있으나 이들은 보호 수준이나 접근성, 훼손도 측면에서, 혹은 형성 내지 보존도 측면에서 제주도에 많이 뒤떨어진다"고 평가하고 있다.

이처럼 제주도의 용암 동굴은 세계적으로 그 가치가 뛰어나다. 그런데 얼마 전 섭지코지에서 콘도미니엄 신축공사 중 공사현장에서 천연용암 동굴이 발견됐음에도 이를 숨기고 공사를 강행한 업체가 형사고발되는 사건이 발생했다. 문화재청의 현지조사 결과 동굴은 수직 형태로 입구의 좌우 폭은 4미터, 높이 1.6

만장굴 내부.

미터, 수직 동굴 입구까지의 길이는 3.6미터, 동굴의 수직 깊이는 2.2미터 규모였다.

　제주 세계자연유산의 핵심이 동굴임을 감안하면 충격적인 얘기다. 현재까지 밝혀진 제주도의 용암 동굴은 140여 개에 달하는 것으로 알려져 있다. 세계자연보존연맹은 심사보고서에서 제주도의 다른 용암 동굴에 대해서도 세계자연유산으로 포함시킬 것을 검토하라고 주문한 바 있다. 기존 세계자연유산으로 지정된 동굴뿐만 아니라 다른 동굴들도 하나같이 소중하다고 여겨야 한다는 얘기다.

　동굴의 가치를 알리는 과정에서 비교되는 사례 하나를 소개하고자 한다. 현재 세계자연유산의 핵심 동굴 중 유일하게 일반인에게 공개되는 만장굴 발견 과정에서의 부종휴(夫宗休, 1926-1980) 선생 얘기다. 부종휴 선생은 1946년 만장굴을 시작으로 1969년에 빌레못동굴을 발견, 측량을 실시했던 선각자다. 이어 1971년 2월에는 서귀포 미악산 동쪽에서 제주도 최초로 발견된 수직굴인 모시마루굴과 위콧대마루굴 등 4개의 굴에 대한 조사를 벌여 동굴의 규모를 밝혀 내고, 1973년 6월에는 한들굴에서 고고자료를 발견하기도 했다.

부종휴 선생의 업적은 용암 동굴의 발견에 그치지 않는다. 그는 한라산의 가치를 이야기할 때 빼놓을 수 없는 인물로 본인의 글에서 "식물을 채집하면서 새로운 미기록 식물 4백여 종을 추가, 한라산 식물의 총수가 천팔백여 종에 이르게 된 것은 나의 큰 자랑이기도 하다"고 자평하고 있을 정도이다.

다음에 소개하는 내용은 부종휴 선생 본인이 『제주도지』에 기고했던 원고를 다듬은 것이다. 한라산과 관련된 부종휴 선생 이야기는 2009년 제주도에서 펴낸 『제주세계자연유산, 그 가치를 빛낸 선각자들』이라는 단행본에 쓴 필자의 글을 참조하기 바란다.

1946년 부활절 날, 모처럼 만에 사람의 모습이 보인다. 당시 김녕국민학교 교사인 부종휴다. 이때 그는 제1입구 동북굴 630미터를 확인한 후 그 다음 주에 김녕초등학교 6학년 학생들로 꼬마탐험대를 조직해 2차 조사에 나선다. 꼬마탐험대는 길이와 높이, 온도 등 기본적인 조사만을 하는 작업이었지만 조명도구가 없던 시절이라 횃불을 들고 가야 할 조명반을 비롯해 측량반, 기록반, 보급반 등 30여 명에 달했다.

만장굴 조사 후 기념촬영하는 부종휴 선생(뒷쪽 왼쪽에서 세번째).

꼬마탐험대와 관련해 부종휴 선생은 대단한 자부심을 갖고 있었다. "일반은 꼬마탐험대라 하면 무시하겠지만, 비록 초등학교 학생이었지만 김녕 부근에 있는 20여 개의 굴을 답사한 경험도 가지고 있고 한라산까지도 갔다 온 멤버들"이라 설명하고 있다.

꼬마탐험대원들은 제1입구를 출발 3백 미터 지점에서 길이 막히자 실망하며 돌아갈까 고민하다 혹시나 하는 마음에 주변 지형을 살펴 한 사람이 겨우 빠져나갈 만한 구멍을 발견한다. 그리고는 그곳을 통과하며 이제껏 사람들이 다녀본 적이 없는 만장굴로 들어선다. 이제껏 사람이 다닌 흔적이라고는 없고 오로지 위에서 떨어진 용암들만이 쌓여 있는 곳, 대원들은 세기의 발자국을 남긴다는 환호 속에 전진을 계속했다.

굴 입구에서 1.2킬로미터 지점, 즉 낙반이 돌동산을 이루고 있는 곳에서 위를 보니 희미한 빛이 보이는데 현재의 제2입구 지점이다. 그런데 돌동산을 막 올라서니 썩는 냄새가 진동, '아마 소나 말이 떨어져 죽은 것'이라 마음을 달래며 냄새가 나는 곳으로 가 보니 사람의 시체였다. 이에 그 용감(?)한 꼬마탐험대원들도 공포 분위기 속에 놀라 도망치기 시작하고, 부종휴 선생은 시신의 인상착의를 확인한 후 대원들과 후퇴했다.

이 소문은 금세 마을에 퍼져 부모들이 무당을 불러 자식의 넋을 들이는 굿을 하는 등 소동이 벌어지기도 했다. 시체는 그날 밤 인근 마을사람들이 동원돼 수습했는데 행방불명된 지 40일 된 사람으로, 추락사했던 것이다.

3차 답사는 그로부터 1년 후인 1947년 2월 말에 진행됐는데 석유 80리터, 횃불 50본을 동원해 제2입구에서 2킬로미터 가량을 전진하며 측량했으나 석유가 바닥나는 바람에 철수하고 1개월 뒤 교사까지 참여한 가운데 4차 답사에 나선다. 이때 굴속에서 전진을 계속하는데 가도 가도 끝이 없이 마치 땅속을 향해 파고 들어가는 착각마저 들게 되자 참여한 교사들이 철수하자는 주장을 제기한다.

이에 부종휴 선생은 "지금부터 전 대원은 한 곳에 모여 앉아서 현위치에서 절대 벗어나지 말고 횃불도 한 개만 사용하라"고 지시를 내린 후 횃불 하나에 석유가 든 맥주병을 한 병 들고 혼자 전진한다. 그가 이처럼 전진할 수 있었던 것은 지난번 답사 때 박쥐를 봤기에 머지않은 곳에 지상과 통하는 곳이 있을 것이라

만장굴 내부의 용암 석주. 높이가 7미터에 달하는 세계적으로 매우 희귀한 형태를 하고 있다.

는 믿음 때문이었는데 용감한 꼬마탐험대원 몇 명이 그를 따라 나선다.

그로부터 200미터. 동백꽃이 만발하고 겨울 딸기가 열매를 맺는 등 별천지와도 같은 동굴의 끝을 확인하게 된다. 이어 동굴의 끝을 봤다는 증거물로 지상에서 함몰된 그곳에서 자라던 동백나무 가지를 증거물로 꺾고, 줄자를 나뭇가지에 매달아 놓고 철수한다. 본대에 가까워지자 "동굴의 끝을 발견했다"고 소리치자 대기하고 있던 대원들은 믿지 못하겠다며 "거짓말"이라는 말이 메아리친다. 이때 동굴 끝의 동백나무 가지를 내 보이자 모두들 감격에 겨워 "만세"를 외치며 서로 껴안고 울음을 터뜨린다. 마침내 답사가 완성된 것이다.

그 후 부종휴 선생은 동굴의 끝이 지상에서 어느 곳인가를 확인하기 위한 작업에 나선다. 우선 지도상에서 함몰된 곳을 찾는 한편 이전까지의 답사를 토대로 거리를 측정한 결과를 바탕으로 마을사람들이 '만쟁이거멀'이라고 부르는 곳을 유력한 지점으로 여기고는 이를 확인하기 위해 5차 조사에 나선다. 이번에는 그가 강사로 나가던 김녕중학교 학생들이 굴속에 투입되고 꼬마탐험대는 굴의 끝 지점의 지상으로 추정되는 '만쟁이거멀'이라는 곳에 대기토록 했는데 3시간의 소요 끝에 이들이 만나는 것으로 최종 확인한다. 이때 '만쟁이거멀'이라는 이름으로 인하여 굴 이름을 '만장굴(萬丈窟)'이라 명명한 것이다.

한라산 마도사

한라산을 찾는 많은 육지부 관광객들이 놀라는 것은 사방에 곰취 등 산나물이 즐비하지만 아무도 그것을 채취하는 사람이 없다는 것이다. 한라산에서는 산나물 문화뿐만 아니라 약초 문화도 찾아보기 힘들다. 이처럼 한라산은 육지부의 산들과는 달리 지역주민들과 관련된 산림문화·산악문화가 드물다.

이는 예로부터 한라산을 신성시하여 범접을 꺼려 했고, 제주도 대부분의 마을들이 해안 저지대에 위치한 관계로 한라산에 오르기 쉽지 않았기 때문이다. 고작해야 중산간 일대에 땔나무를 하러 가거나 고사리를 채취하러 올라갈 정도였다. 물론 소나 말을 키우는 테우리들, 즉 목동들은 한라산 중턱 심지어는 백록담까지 오르내리기도 했지만 말이다.

이런 상황에서 한라산과 관련하여 전설적인 인물 한 사람이 전해진다. 그것도 불과 40여 년전 생존했던 인물임에도 그 행적에 대해 온갖 이야기가 신화처럼 전해지는 인물이다. 심지어는 그가 수도생활을 했던 기도터는 사후에 신당으로 바뀌어 지금까지도 찾는 이들의 발길이 이어질 정도다.

바로 '마도사'라 불리는 마용기 스님이다. 그에 대한 행적은 구전에 의한 것이 대부분이라 구체적으로 알려지지는 않았지만, 전하는 이야기를 종합해 보면 1891년 무렵에 태어난 것으로 추정된다. 부친은 마희문으로 1888년 정의현감으로 임명돼 제주에 입도했으니, 마용기는 제주에서 태어난 자식이다. 마희문은 부인 여산 송씨와의 사이에 아들 삼형제를 두었는데, 장남은 만연이고, 차남은 순택, 삼남이 용기이다.

마용기는 자라면서 출가해 스님이 되는데, 근대 제주불교 시기에 안봉려관 스

마용기 스님이 창건했던 만덕사 경내에 있는 오불여래. 현재는 화천사가 들어서 있다.

님과 함께 관음사 창건에도 관여했으며, 1912년 제주시 회천동에 만덕사(萬德寺)라는 사찰을 창건하기도 했다. 현재 화천사가 들어선 이곳은 예로부터 절동산이라 불리는 곳으로, 이 마을이 형성되기 훨씬 이전인 고려시대부터 사찰이 존재하던 곳이라 전해진다.

하지만 마용기 스님이 만덕사를 창건한 이후 절의 창건으로 마을의 수맥이 끊어지고 말았다는 마을주민들의 동요가 있어 끝내는 폐사되고 만다. 현재 이곳에는 법당 뒤편에 지방문화재로 지정된 다섯 기의 석불이 전해지고 있고, 매년 정월 석불제라 하여 이 마을의 마을제를 거행하는 제단 역할을 하기도 한다. 석불제는 유교식 마을제임에도 불구하고, 내용상으로는 고기를 올리지 않는 등 불교의식으로 진행된다. 마을공동체 신앙과 불교가 어우러진 색다른 형식으로, 귀중한 민속자료로 평가된다.

한편 마용기 스님은 이후 애월읍 광령리 마을의 중산간 지역인 속칭 수덕밭이라는 곳에 수덕사라는 사찰을 건립한다. 이곳은 마을과는 한참 동떨어진 어승생악 서쪽 지경으로, 현재 산록도와 광령계곡이 만나는 지점이다.

광령리 수덕밭에 위치한 마용기당.

　수덕사는 제주 4·3사건 당시 99제곱미터 가량의 초가 법당과 49제곱미터의 객실 등을 갖춘 규모로 전해진다. 법당에는 90센티미터 크기의 석가모니불을 모셨으며, 각단 탱화도 모두 갖추고 있었다고 한다. 하지만 1949년 2월경 관음사가 토벌대에 의해 방화되던 시기에 수덕사도 함께 불태워져 현재는 대나무 군락만이 남아 있다.

　이후 스님은 산방산 자락에 초집을 짓고 명맥을 이어오다 1951년 사찰을 재건, 영산암을 창건한다. 암자에는 스님이 제작한 석불입상이 법당에 5구 봉안되어 있는데, 제작연대는 1949년 전후로 추정되고 있다.

　이제까지가 승려로서 불교와 관련된 활동인데, 이와는 별개로 풍수에 탁월했다거나 신통력을 발휘해 한라산에서 잃어버린 소와 말을 찾아주기도 하고, 스님에게 찾아가 기도를 하면 아들을 낳을 수 있다는 등의 수많은 기행담도 전해진다.

　앞서 소개한 수덕밭 인근에는 현재 제단이 설치돼 있다. 마용기당, 마씨하르방당이라 불리는 곳으로 이곳에서 기도를 하면 아들을 낳을 수 있다고 하여 지금도 찾아오는 이들을 볼 수 있다. 예전 마용기 스님이 이곳에서 생활할 때는 이곳에서 기도를 한 후 아들을 낳았다는 법무부장관 부인의 이야기까지 전해지기도 한다. 또 예전 한라산에서 소와 말을 방목하던 시절에는 이곳에서 기도를 한 후 소와 말을 찾으러 가면 효험이 있는 것으로 전해졌던 곳이기도 하다.

요즘도 간혹 제주도 신당기행팀들이 이곳을 찾아 제주의 무속에 대해 토론을 하곤 한다. 현재 제단은 자연석을 미륵처럼 세운 모습으로 남아 있는데 원래 이곳에는 미륵불 형상의 석조 형상이 나란히 있었는데, 2000년대 초반 도난당해 분실했다. 아이러니하게도 비슷한 시기에 조성된 제주돌문화공원에 예전 이곳의 모습을 재현해 놓고 있다. 비슷한 시기에 원형은 도난당하고 새로 만든 모조품만이 남은 것이다.

스님은 인생 막바지, 그러니까 1970년대 이전까지 수덕밭보다 더 해발고도가 높은 한라산 와이(Y)계곡의 족은드레왓 인근에서 기도생활을 했다. 사람들 사이에 존재암이라 불리는 곳으로, 계곡을 따라가다 보면 옛 집터 흔적들이 남아 있다. 하지만 한라산이 1970년 국립공원으로 지정된 이후 공원구역내 무허가 건물

마용기 스님이 직접 이장한 부친 마희문의 묘.

을 단속, 철거하는 바람에 이곳에서의 생활도 접게 된다. 이외에도 마용기에 대한 유적으로는 한라산 윗세오름대피소 앞 계곡에 마애명이 남아 있다는 이야기도 전해진다.

풍수에 탁월한 마용기 스님은 부친의 묘를 제주도 6대 명당 중 하나라 전해지는 민대가리동산에 조성하기도 했다. 마희문의 묘는 한라산 해발 1,600미터 지경임에도 불구하고 그 규모가 자못 웅대하다. 묘소에는 마용기의 부탁을 받아 이응호가 지은 비석이 세워져 있다. 이응호는 일제강점기의 유학자로, 1905년 을사늑약에 의해 조선의 외교권이 박탈당하자 제주시 망곡단(望哭檀)에서 선언문을 낭독하고 일본의 부당한 처사에 항의하기도 했던 학자다.

비문에 의하면 강진군 비자동 집에서 태어난 마희문은 의술과 점술을 익혔으며, 주역을 가장 좋아했다고 한다. 고종 때 지리산에 호랑이의 폐해가 많기에 직접 호랑이를 때려잡았고, 서울의 남산 중턱을 돌아다니다 호랑이에게 물린 이가 있자 혼자 가서 호랑이를 잡았다고도 한다. 그 공로로 한성부윤이 삼품직을 포상했다. 이후 그가 정의현감으로 임명되자 집안의 반대에도 불구하고 가족들과

마희문의 묘에 세워진 문인석.

함께 제주로 입도했는데, 이때 가져온 그의 소장 서적이 소 몇 마리가 땀을 흘리며 수레를 끌어야 할 정도로 많았다 한다. 현재의 묘소는 훗날 이장한 것으로 전해지는데, 비석은 1944년 마용기가 세운 것이다.

유난히 눈길을 끄는 것은 묘지의 울타리다. 즉 산담 안에 세워진 조형물들로 동자석과 문인석, 무인석 등 5기가 세워져 있다. 문인석, 무인석은 돌하르방과 아주 비슷한 모양을 하고 있는데, 광령리 수덕밭 마용기당에 세워졌던 석상과도 유사하다. 비슷한 사례로는 한라산 아흔아홉골에 위치한 1930년대 조성된 훈장묘를 들 수 있는데, 이곳에는 문인석, 무인석, 동자석 등 4기가 세워진 모습이다. 이들 모두 1930~40년대 묘지의 석상을 연구하는데 필요한 자료임에도 아직껏 관심을 갖는 이가 드물다. 그러는 사이 수덕밭의 석상과 훈장묘의 석상들은 공교롭게도 2000년대 초반 똑같이 도난을 당하는 비운을 맞았다. 심지어 두 곳 모두의 석상들이 제주돌문화공원에 재현돼 있는 것도 똑같다. 원형은 사라지고 모조품으로 만족해야 하는 상황, 문화재 정책이 그저 안타까울 따름이다.